KB155044

개정판

열역학
개념의 해설

Commentary on Thermodynamic Concepts

여상도 지음

교문사

《열역학 개념의 해설》은 2006년 12월에 초판이 발행되었다. 그리고 지난 10년 동안 이 책은 독자들로부터 많은 호평을 받았고, 열역학을 공부하고자 하는 이들에게 큰 도움이 되었다. 특히 이 책이 열역학을 수강하는 학생들에게 열역학의 개념을 더 쉽게 이해하고, 열역학 과목에 흥미를 느끼게 하는 기회를 제공했다는 사실에 저자는 큰 기쁨과 보람을 느낀다. 이제 지난 시간 동안 이 책을 강의에 사용해 온 결과를 바탕으로, 이 책에 약간의 수정을 가하여 그 개정판을 내게 되었다.

이 책은 대학교에서 열역학을 수강하는 학생들과 특히 열역학의 개념을 이해하고자 하는 화학공학도들을 위하여 저술되었다. 열역학은 공학계열에서 개설되는 여타 과목들에 비해 조금 다른 성격을 가지고 있는데, 그것은 바로 새로운 개념들이 많이 등장한다는 것이다. 열역학에서는 난해한 수학적 방법이나 복잡한 계산과정이 많이 사용되지 않는다. 그러나 학생들이 열역학을 배우는 데 어려움을 겪는 이유는 열역학의 이론을 전개하는 데 사용되는 개념을 잘 이해하지 못하기 때문이다. 학생들은 교재에 나오는 개념을 완전히 이해하여 자신의 것으로 만들기보다는 단순히 암기의 대상으로만 생각하고, 그 개념들을 기계적으로만 받아들이는 경향이 있다. 그러므로 열역학을 배우는 학생들에게는 열역학의 기본개념을 좀 더 쉽게 설명해주는 해설서가 반드시 필요하다.

공학계열에서 출판되는 교재 중 가장 많은 사람들이 저술하는 책이 아마도 열역학 교재가 아닌가 싶다. 그 이유는 열역학에서 다루는 내용이 단순한 공학계산이나 설계와 같은 현실적인 문제보다는, 지적 탐구에 기반을 둔 자연과학적 성격을 많이 띠고 있기 때문이다. 따라서 학생의 교육을 담당하는 이들에게는 이러한 주제에 대한 자신만의 생각을 책으로 정리하고자 하는 욕구가 강하게 작용하게 된다. 그 결과 수많은 영문판 열역학 교재가 출간되어 시중에 나와 있고, 그 중 극히 일부가 국내 대학에서 교재로 사용되고 있다.

국내 학생들은 영어로 쓰인 열역학 교재의 내용을 완전히 이해하는 데 많은 어려움을 느낀다. 특히 새로운 개념을 이해하기 위하여 우리나라 말로 사고해야 하는 국내 학생들에게 영어로 설명된 열역학 개념은 더욱 어렵게 느껴지는 것이 사실이다. 더욱이 많은 대학에서 교재로 사용하고 있는 열역학 교재의 내용 자체가 열역학적 개념을 알기 쉽게 풀어서 설명하기보다는 주로 수식과 그 유도과정을 중심으로 구성되어 있기 때문에 학생들이 열역학의 개념을 파악하는 데 더욱 어려움을 느끼게 된다.

이 책에서 필자는 열역학에 등장하는 개념들을 되도록이면 수식을 배제하고 서술 형식으로 설명하였다. 수학적 식은 인간이 사용하는 모든 표현수단 중 가장 함축적이고 합리적인 방법이지만, 개념적으로 이해해야 하는 대상을 설명하기에는 부적합한 도구가 될 수 있고, 때로는 오히려 방해가 되기도 한다. 현재 우리 학생들은 어떤 개념을 이해하기보다는 오히려 어려운 수학공식을 암기하는 데 더욱 익숙해 있을지도 모른다. 그러므로 학생들은 어떤 형태이든 수학적인 식을 접하면 그 식을 사고 없이 받아들이고, 일단 외워야 하는 대상으로만 생각한다. 그러나 이러한 방법으로는 열역학의 개념을 이해할 수 없다. 열역학의 개념은 과거 많은 과학자들의 자연과학적 호기심과 오랜 사색을 통해 정립되어 왔다. 이러한 학문적 결과를 받아들이는 학생은 그 개념들이 성립되어 온 과정을 알아야 하며, 기능적 습득능력이나 암기력에만 의존해서는 안 된다.

개념이란 관념적 사고로부터 도출된 것이지 수학적 식에서부터 출발한 것이 아니다. 수학식은 관념적 사고에 의해 도출된 결과를 기호를 사용하여 표시한 것에 지나지 않는다. 과학자들은 자연적 혹은 인공적으로 발생하는 현상을 해석하기 위하여 일련의 사고과정을 거쳐 새로운 개념을 만들었다. 그리고 그 현상을 설명하기 위하여 새로운 개념이 포함된 방정식을 사용하였다. 그러므로 열역학에서 등장하는 식들은 수학적인 측면에서는 너무도 간단하고 당연하게 보이지만, 그 식 안에는 새로운 개념이 만들어지기까지 거쳐 왔던 많은 지적 사고의 과정이 녹아있는 것이다.

과학은 자연적으로 발생하는 현상을 인공적인 도구를 사용하여 설명하면서부터 출발한다. 이 도구들이 바로 자연과학적 개념이다. 여기서 명심해야 할 사항은 개념보다 자연현상이 먼저 존재한다는 사실이다. 즉 개념은 현상을 설명하기 위한 인공적 산물일 뿐이다. 열역학적 개념도 마찬가지다. 자연발생적 현상이나 공학에서 사용하는 장치나 공정 등에서 일어나는 현상을 해석하기 위해 열역학적 개념이 만들어졌다. 그러므로 이 개념들을 이해하기 위해서는 먼저 그 현상에 대한 이해가 선행되어야 하는 것이다.

열역학의 개념은 결코 이해하기 어렵고 난해한 대상이 아니다. 다만 일상생활에서 자주 사용하지 않아 우리에게 익숙지 않기 때문에 조금 생소하게 느껴질 뿐이다. 열역학에서 묘사되는 현상 중에는 우리가 주변에서 쉽게 접할 수 있는 것들이 많이 포함되어 있다. 기화나 응축과 같은 상변화, 액체의 혼합, 열의 이동, 기관에 의한 동력의 발생 등은 우리에게 모두 친숙한 대상들이다. 그러므로 새로운 열역학 개념을 접할 때 이것을 현실과 동떨어진 것으로 생각하지 말고, 우리가 늘 경험할 수 있는 일을 표현하는 데 사용하는 친숙한 도구라고 생각하면 그 이해가 더욱 쉬워질 것이다.

아무쪼록 이 책을 읽는 학생들이 열역학이란 분야에 대한 학문적 가치를 느끼고, 열역학이 참으로 흥미 있는 과목이라는 사실을 깨닫기 바란다.

여 상 도

차례

머리말

01. 화학공학이란 명칭 ···························· 9

02. 열역학이란 명칭 ···························· 15

03. 열역학의 초기 역사 ························ 21

04. 온도의 개념 ·································· 27

05. 열이란 무엇인가 ···························· 35

06. 내부에너지 ·································· 43

07. 열역학 제1법칙 ···························· 51

08. 상률 ·· 61

09. 엔탈피 ······································ 71

10. 열용량 ······································ 79

11. 증기압 ······································ 87

12. 잠열 ·· 93

13. 임계점 ······································ 99

14. 포화 ·· 107

15. 이상기체 ·································· 113

16. 실제기체 ·································· 121

17. 상태방정식 ································ 127

18. 대응상태의 원리 ·························· 139

19. 비중심 인자 ······························ 145

20. 엔트로피 ·································· 151

21. 열역학 제2법칙 ·························· 163

22. 깁스에너지 ···························· 175

23. 물질의 잠재에너지 ···················· 191

24. 퓨가시티 ···························· 199

25. 활동도 ····························· 209

26. 혼합물과 부분성질 ··················· 219

27. 이상용액 ···························· 229

28. 상평형 ····························· 237

29. 기포점과 이슬점 ···················· 245

30. 안정, 불안정, 준안정 ················· 251

화학공학이란 명칭

화학공학이란 명칭을 이해하기 위해서는 이 명칭을 글자 그대로 이해하면 안 되고, 그 어원에 대한 설명을 들어야 한다. 저자는 화학공학과에 입학하는 신입생들을 비롯한 화학공학과의 재학생, 그리고 화학공학을 이수한 졸업생들 모두에게 공통적으로 질문을 던진다. 그것은 바로 화학공학이란 무엇인가 하는 것이다. 신입생에게는 화학공학과를 지원하게 된 동기와 화학공학과에 입학하면 어떤 종류의 공부를 할 것인가에 대한 기대감을 가지고 이 질문을 던진다. 그리고 졸업생들에게는 화학공학과에서 4년 동안 배운 지식을 염두에 두고 이와 같은 질문을 한다.

지금까지 수없이 되풀이되어 온 이 질문에 대한 명확한 대답을 제시하기란 사실 쉬운 일이 아니다. 왜냐하면 현대에는 급속도로 진행되는 과학기술의 발전에 따라 점점 개별 학문에 대한 영역이 불분명해지고, 따라서 기존 학문에 대한 정의에 수정이 가해지는 일이 많이 벌어지고 있기 때문이다. 특히 화학공학과 같이 학문의 범위가 매우 넓고 그 영역의 가변성이 큰 경우, 그 학문에 대한 정의를 한마디로 내린다는 것은 매우 힘들다. 그러나 특정 학문의 고유영역과 주된 역할에 대한 정의를 내린다는 것은 그 분야의 전문적인 기능을 확보하는 측면에서 대단히 중요하다고 하겠다.

화학공학과에 왜 지원했는가에 대한 신입생들의 대답은 거의 대부분이 고등학교에서 배운 과목 중에 화학을 좋아했고, 동시에 공대에 진학하기 원했기 때문이며, 앞으로도 화학에 관련된 내용을 배우기를 기대한다는 것이다. 학생들이 이 같이 생각한다는 사실은, 대학 진학자들이 고등학교 졸업생의 신분으로서 알고 있는 상식과 그때까지 배운 지식에 기반을 두어 화학공학이란 이름의 뜻을 자기 나름대로 해석하고 있다는 것을 말해준다. 학생들은 화학공학이란 전공을 화학과 연관된 공학 혹은 화학을 이용한 공학의 분야라고 생각하는 것이다. 사실 현실적으로 학생들의 이 같은 생각은 지극히 자연스러운 것이고 또한 당연히 그럴 수밖에 없는 것이다. 다만 진학생의 학과 선택에 대해 전문적인 지식을 가진 사람이 진학상담을 할 수 없는 현실이 아쉬울 뿐이다. 학생들이 화학공학과를 몇 년 정도 다니고 나면 그들이 생각했던 화학과 화학공학의 연관성에 대해 의구심을 가지게 되며, 동시에 화학공학이란 무엇인가에 대한 해답을 찾고자 고민하게 된다. 이와 같은 현상을 초래하는 커다란 이유는 화학공학이란 이름의 올바른 의미를 알지 못하기 때문이며, 그 의미를 알지 못하게 하는 가장 큰 이유가 다름이 아닌 바로 화학공학이란 명칭 그 자체인 것이다.

화학공학의 영어명칭은 chemical engineering이며, 화학공학이란 명칭은 이 용어를 번역한 것이다. 여기서 우리는 과연 이 번역이 반드시 올바른가 하는 의문을 던지게 된다. 물론 chemical engineering의 한글 번역으로 화학공학보다 더 적절한 단어는 없을 것이다. 그러나 화학공학이란 이름이 주는 의미와 chemical engineering이란 단어가 가지고 있는 원래의 의미는 상당한 차이가 있다. 화학공학이란 단어를 접하는 대부분의 사람은 당연히 화학공학이란 화학을 이용한 공학이라고 간주하게 되고, 화학공학의 영역은 일반적으로 알려진 화학의 범주 내에 있다고 생각하게 된다. 그러나 화학공학의 분야에서 화학 혹은 화학적인 현상과 직접 관계를 가지는 내용은 극히 일부분에 속할 뿐이다. 다시 말해 화학공학을 조금이라도 배워 본 사람은 화학공학과 화학이 크게 관련이 없다는 것을 알게 된다.

화학공학이란 단어는 번역된 용어가 원래의 뜻을 매우 잘못 전달하는 대표적인 사례를 보여주고 있다. 그러면 왜 이러한 오해가 생기는가. 그 이유는 chemical이란 단어가 '화학의' 혹은 '화학적'으로 번역되기 때문이다. 이 번역이 틀리다고 말할 수는 없다. 그러나 화학공학, 즉 chemical engineering에서 의미하는 chemical을 좀 더 올바르게 풀이하기 위해서는 chemical을 '화학의'가 아닌 '물질' 혹은 '물질의'라고 번역해야 한다. Chemical의 어원인 chem은 물질의 최소단위인 원소를 뜻한다. 따라서 chemical이라는 단어는 실제로 영어에서 '물질의'라는 형용사로 사용되고 때로는 특정 물질을 지칭하는 명사로도 사용된다. 영어의 일상용어로 사용되는 chemical이란 단어는 화학약품과 같은 물질을 일반적으로 지칭하는 말이지만, 좀 더 넓은 의미로 생각하면 우리 주변의 물질, 예를 들어 물과 같은 액체를 chemical이라고 지칭하기도 한다. 물론 한자어인 화학이란 단어에는 물질이라는 의미가 포함되어 있지만, 화학공학의 명칭에 화학이란 단어가 사용되었을 때의 화학공학은 원래의 의미와는 다르게 해석되는 것이다. 예를 들어 화학공학의 분야 중 가장 대표적인 산업인 석유화학공업을 일컬어 인간 생활에 필요한 기초 소재를 생산하는 산업이라고 정의하는 사실을 보면, 화학공학이란 인간에게 유용하게 사용되는 자연적 혹은 인공적 '물질'을 취급하는 학문으로 이해되어야 한다.

화학공학은 물질의 공학, 물질을 다루는 공학이다. 그러므로 넓은 의미로서의 화학공학은 지구상의 다양한 물질을 다루는 모든 분야를 지칭한다고 할 수 있다. 그러나 이는 chemical engineering 글자 그대로의 다분히 원론적인 해석이 되며, 구체적으로 화학공학의 제반분야는 물질의 이송, 혼합, 분리, 반응, 그리고 에너지 등에 연관된 모든 현상을 포함한다. 그러므로 화학공학의 분야에서는 화학적인 현상보다는 오히려 물리적인 현상을 더 많이 취급한다. 그러나 chemical engineering을 물질공학 혹은 물리공학이라고 번역할 수는 없다. 다만 chemical이 화학이란 의미가 아닌 물질이라는 뜻을 가지고 있다는 것을 안다면, 화학공학을 전공하는 학생들이 스스로의 전공에 대한 정체를 더 확실히 이해할 수 있을 것이다.

Chapter 2

열역학이란 명칭

열역학thermodynamics의 단어적 의미는 열thermo과 동력dynamics의 관계 혹은 열을 이용하여 동력을 발생시키는 현상을 규명하는 학문으로 해석된다. 열역학의 기원은 온도와 열의 개념이 정립되기 시작한 17세기로 거슬러 올라갈 수도 있지만, 그 구체적인 범주는 18세기부터 사용된 열을 이용하여 동력을 얻는 기관의 발명과 더불어 정립되기 시작하였다. 그 당시에 동력기관을 사용하는 사람들의 관심사는 주어진 장치에 일정량의 열을 공급하여 얼마만큼의 동력, 즉 일을 얻을 수 있는가를 계산하는 것이었다. 즉 열과 일 간의 양적 관계를 규명하고자 하는 시도가 열역학의 범주를 태동시켰다고 할 수 있다.

열역학의 의미는 공학 혹은 공학자란 영어 단어의 뜻을 되새기면 그 뜻이 더욱 분명해진다. 공학engineering이란 말은 '인간의 창조물'이란 어원적 의미를 가진 engine에서 파생된 말이다. 그러므로 공학은 인간의 창조물을 다루는 일이라는 어원적 뜻을 가진다. 현실적으로 engine은 동력기관을 지칭하고 고유명사로 사용되며, 따라서 공학은 '동력기관engine을 다루는 일', 그리고 공학자engineer는 '동력기관을 다루는 사람'의 뜻을 가진다. 열역학의 범주가 동력기관의 발명과 더불어 성립되었다고 보면, 열역학의 성립은 공학이란 학문이 태동할 때와 그 시기를 같이 한다고 할 수 있다. 이런 측면에서 볼 때 열역학은 화학공학뿐만 아니라 모든 공학의 범주 중 가장 역사가 깊은 분야이며, 공학이란 개념 자체를 태동시킨 학문이라 할 수 있다. 다시 말해 18세기의 공학은 바로 열역학 그 자체라 해도 과언이 아닐 것이다.

열역학의 개념을 태동시킨 동력기관의 종류는 그 효시인 증기기관이 발명된 18세기 이후 많은 변화를 거쳐 왔다. 그 결과 현재는 매우 다양한 동력기관들이 사용되고 있는데, 그 예로는 자동차용 가솔린 및 디젤기관, 화력발전용 증기동력기관, 냉동기관, 가스터빈, 로켓기관, 그리고 최근에 와서는 연료전지 등을 들 수 있다. 이러한 기관들은 모두 에너지를 이용하여 동력을 얻든지 혹은 동력을 사용하여 에너지를 발생시키는 장치이다.

연료전지와 같은 경우는 특정 물질을 사용하여 전기에너지를 얻는 기관으로써, 여기서도 원료 물질이 가지는 물질적 에너지와 발생되는 전기력이 발휘하는 동력 간의 관계가 규명되어야 한다. 그러므로 이 기관들을 제작하고 운전하기 위해서는 에너지와 동력과의 관계를 정립해야 하는데, 열역학이란 학문의 역할이 바로 그것이다.

이와 같이 열역학이란 명칭은 열을 이용하여 동력기관을 운전한다는 내용을 담고 있는, 다분히 고전적인 기계공학적 의미를 가진다. 그러므로 화학공학을 공부하는 학생들은 열역학의 단어적 의미가 현재 교재에서 배우는 일반적인 열역학적 개념과 이론들, 특히 상평형 계산과 같은 내용을 나타내기에 부적절하다고 생각하기 쉽다. 왜냐하면 화학공학과에서 사용되는 열역학 교재의 내용 중 열을 이용한 동력기관에 대해 직접적으로 언급한 부분은 전체의 극히 일부분에 속하기 때문이다. 실제로 열역학이란 명칭은 어떤 기관이 열을 공급받아 구동되는 현상을 상기시키며, 따라서 다분히 동적인 느낌을 준다. 그러나 여기서 명심해야 하는 것은 열역학이란 이름을 구성하는 '열'과 '역학' 두 단어의 의미가 모두 일반적으로 알려진 에너지의 한 형태라는 사실이다. 그러므로 열역학은 에너지의 모든 형태를 총괄적으로 해석하고 그 상관관계를 정립하는 학문으로 인식되어야 한다. 특히 제1장에서 언급했듯이 화학공학은 물질을 다루는 학문이며, 따라서 화학공학에서 취급하는 화공열역학은 '물질과 그 물질의 에너지'를 다루는 학문 분야로 이해되어야 한다.

열역학에서 물질의 에너지를 다루기 위해서는 먼저 에너지의 개념이 정립되어야 한다. 에너지에 대한 개념은 일반물리학에서 정의되는 운동에너지, 위치에너지 등 여러 형태가 있지만, 열역학에서는 이러한 역학적 에너지보다는 물질 자체가 보유하고 있는 에너지를 다루게 된다. 그러므로 열역학 개념의 시발점은 물질이 가지고 있는 에너지를 정의함으로써 시작된다. 우리가 에너지라고 부르는 실체는 인간과는 관계없이 원래 자연적으로 존재하는 것이지만, 그 에너지의 개념은 인간에 의해 만들어진 인공적인 산물이다. 그러므로 열역학의 개념을 더 잘 이해하기 위해서는 그 개념들을 피동적으로 그냥 받아들이기만 하는 대상이 아니라, 주관적인 사고에 의해 우리가 직접 창조 내지는 변형시켜 사용할 수 있는 일종의 도구로 간주해야 한다. 이처럼 학생들이 좀 더 능동적인 사고를 가지고 열역학의 개념을 접한다면, 지금까지 이해하기 어려웠던 개념들을 더 쉽고 흥미롭게 받아들일 수 있을 것이다.

Chapter **3**

열역학의
초기 역사

현재 우리가 배우고 있는 고전열역학의 기초적 개념이 태동된 시기는 17세기 초로 거슬러 올라간다. 열역학이란 범주는 정확히 어떤 과학자의 업적에서부터 시작된 것이 아니라 일반적으로 사용되는 열과 온도에 대한 개념의 정립과 함께 시작되었다고 할 수 있다. 그 이후로 기체법칙의 확립과 증기기관과 같은 동력기관의 사용, 그에 따른 열과 일의 상관관계 규명과 열역학 제1, 2법칙의 정립 등과 같은 순서로 열역학의 초기 성립 과정은 요약된다.

물체의 온도를 측정할 수 있는 도구는 1610년경 갈릴레오 갈릴레이 Galileo Galilei에 의해서 최초로 사용되었다. 사실 그때는 아직 온도라는 개념 이 정립되지 않았으며, 그 도구는 단순히 물체의 뜨거움 혹은 차가움의 변화 정도를 나타내는 역할을 하였다. 현재 사용되는 알코올 온도계와 가장 유사한 장치를 만든 사람은 1630년 헝가리 사람인 페르디난트 2세 Ferdinand II였다. 1670년에는 이상기체 법칙의 효시인 보일의 법칙이 논의되 었고, 1770년 영국의 조세프 블랙Joseph Black은 열의 정체에 대하여 연구한 결과 열소이론을 주창하였다. 열을 물질의 일종이라 간주했던 열소이론은 1789년 대포의 포신을 제작하는 기술자였던 럼퍼드B. T. Rumford에 의해 반 박되었고, 따라서 열은 질량을 갖지 않는다는 것이 정설로 받아들여지기 시작하였다.

19세기 초에는 기체의 행태를 관찰한 실험이 널리 수행되었으며, 기체 의 온도, 압력, 부피의 상관관계가 정립되었다. 1801년 존 돌턴John Dalton은 모든 기체는 온도의 증가에 따라 그 부피가 균일하게 증가한다는 사실을 발견하였으며, 1808년 게이뤼삭J. L. Gay- Lussac은 온도의 증가에 따라 기체 의 부피가 선형적으로 증가함을 밝혔다. 이 사실은 온도가 감소하면 기체 의 부피가 선형적으로 감소함을 뜻하며, 따라서 모든 기체의 부피가 0으 로 되는 온도를 외삽에 의해 예측할 수 있게 하였다. 이 온도가 절대온도 0이 되는데, 게이뤼삭은 그 당시 연구결과로 이 온도를 −266℃라고 발표 하였다.

고전열역학의 태동은 18세기 영국의 산업혁명 시기에 개발되었던 열에너지를 이용한 동력기관의 사용과 그 장치의 역학적 해석으로부터 시작되었다. 1765년 영국의 제임스 와트James Watt에 의해 증기기관이 발명된 이래로, 많은 사람들이 동력기관의 열과 일의 전환에 대한 관계를 정립하고자 노력하였다. 그 결과 1824년 프랑스의 니콜라스 카르노Nicolas Carnot는 열기관에 대한 연구 결과로 〈열의 동적인 힘에 대한 고찰〉이라는 논문을 발표하였다. 여기서 그는 가역과정이라는 개념을 처음 사용하여 가역적 순환공정을 고안하였는데, 그것이 바로 카르노 사이클이다. 그는 카르노 엔진은 열을 일로 전환시키는 가장 효율적인 공정이라고 하였으며, 동일한 조건에서 운전되는 카르노 엔진은 사용되는 유체에 관계없이 같은 효율을 가짐을 증명하였다. 카르노의 업적은 1849년 켈빈W. T. Kelvin에 의하여 그 타당성이 입증되었다. 1850년 독일의 루돌프 클라우지우스Rudolf Clausius는 카르노의 연구 결과를 순환공정에 응용하는 과정에서 열역학 제2법칙을 성립시키는 근거를 제시하였는데, 그것은 폐쇄된 가역적 순환공정에서 dQ/T의 적분값이 0이 된다는 사실이었다. 그는 가역과정과 비가역과정을 구별하는 것이 동력기관의 마찰이라고 생각하였으며 dQ/T의 적분이 의미하는 바를 연구하였다. 이와 같은 과정을 거쳐 비슷한 시기에 살았던 인물인 카르노, 켈빈, 클라우지우스 등의 공동연구 결과로 엔트로피 개념이 탄생되었다.

　일과 열의 정량적인 관계 규명에 대한 최초의 업적은 1839년에서 1847년 사이에 수행된 영국인 제임스 줄James Joule의 실험이었다. 그 실험은 물이 담긴 용기에 회전하는 교반기를 설치하여 외부에서부터 가해준 일에 해당하는 물의 온도상승을 관찰한 내용으로써, 일정한 일에 해당하는 열의 양을 규명하여 1 cal는 4.18 J에 해당한다는 사실을 밝혀내었다. 줄은 기계적인 일뿐만 아니라 전기적 에너지를 열로 변환시키는 실험도 수행하였으며, 모든 형태의 에너지는 그에 해당하는 일정량의 열로 전환된다는 사실을 증명하였다. 이 실험에 의해 18세기까지 모든 사람들이 사실로 받아들였던 열이 물질의 일종이라는 열소이론이 잘못되었음이 증명되었고, 또한 줄의 실험은 에너지 보존의 법칙인 열역학 제1법칙이 성립되는 데 결정적인 역할을 하였다. 한 가지 흥미로운 사실은 열역학 제1법칙이 제2법칙보다 시대적으로는 조금 뒤늦게 정립되었다는 점이다.

열역학에서 사용되는 기본적인 도구의 하나인 물질의 상태를 나타내는 상태방정식의 효시는 1873년 네덜란드의 반데르발스가 제시한 van der Waals 상태방정식이다. 이 식은 오늘날까지 우리가 사용하고 있는 여러 가지 복잡한 상태방정식의 기본원리를 제공하였다. 이 식이 등장한 이후로 거의 100여 년에 걸쳐 여러 가지 다른 식으로 개발된 상태방정식의 기본형태가 van der Waals 식과 근본적으로 동일하다는 사실은 이 방정식의 위대함을 말해준다. 1878년 미국 예일대학의 교수였던 조시아 윌러드 깁스Josiah Willard Gibbs는 〈비균일 물질의 평형〉이라는 논문을 발표하면서 상평형의 해석에 대해 기술하였는데, 여기서 그는 물질의 잠재에너지chemical potential와 상률phase rule의 개념을 도입하였다. 또 깁스는 온도, 압력, 부피의 상호관계와 물질의 에너지를 나타내는 열역학적 상도표를 사용하였다. 1886년 프랑스의 라울F. M. Raoult은 오늘날 상평형에 대한 기본법칙으로 사용되고 있는 라울의 법칙을 발표하였고, 1901년 미국의 캘리포니아대 화학과 교수였던 길버트 루이스Gilbert Lewis는 혼합물의 비이상성과 그 상평형을 나타내기 위하여 퓨가시티fugacity와 활동도activity의 개념을 도입하였다. 그는 혼합물 중에 포함되어 있는 특정 성분이 그 혼합물로부터 이탈하려는 성향의 정도를 퓨가시티라고 불렀다. 1949년 미국 쉘 연구소의 레들리히Otto Redlich와 쾅J. N. S. Kwong은 van der Waals 상태방정식을 수정하여 실제 기체에 대한 실험값과 부합하는 Redlich-Kwong 상태방정식을 발표하였고, 동시에 그 방정식을 이용하여 퓨가시티 계수를 계산할 수 있는 방정식을 유도하였다. 1955년 캘리포니아대의 케네스 피처Kenneth Pitzer는 실제기체의 비구심성을 나타내는 비중심 인자acentric factor 개념을 도입하여 실제기체의 압축계수를 구하는 방법을 제시하였다. 비중심 인자는 그 후로 더 정확한 여러 가지 상태방정식을 고안하는 데 유용하게 사용되었다.

최근까지 열역학 분야는 여러 학자들의 연구로 인해 지속적으로 발전하였지만, 흔히 고전열역학이라 불리는 범주는 위에서 언급한 바와 같이 17세기부터 20세기 중반까지의 연구결과에 의해 성립되었다고 볼 수 있다. 이와 같이 현재의 고전열역학은 지난 300여 년에 걸쳐 여러 과학자와 현장 기술자들의 지적 사고와 실험, 그리고 그들이 사용한 수학적 도구의 힘을 빌어 정립되었다. 여기서 간과할 수 없는 점은 초기 열역학의 성립이 럼퍼드나 와트와 같은 현장에서 일하는 기계 제작자들과 그 원리를 학문적으로 연구한 카르노나 클라우지우스와 같은 과학자들의 공동작품이었다는 사실이다. 기계적 장치의 제작은 사람이 행하는 작업을 편리하게 하기 위해 고안된 기술의 산물로서 인간의 삶의 질을 높이는 데 기여한 반면, 고안된 장치의 작동원리에 대한 지적인 사고와 고찰은 그 원리에 대한 여러 가지 법칙의 발견으로 이어졌다. 그러므로 열역학은 인간의 생활을 편리하게 하는 공학의 범주와 자연현상에 대한 지적 호기심을 충족시키는 자연과학의 영역을 동시에 포함하고 있는 학문으로 이해되어야 한다.

열역학을 공부하는 과정에서 가장 어려운 점은 열역학적 개념을 이해하기가 쉽지 않다는 것이다. 사실 열역학의 오랜 성립과정을 통해 만들어진 새로운 개념과 이론을 이해하기 힘들다는 것은, 음악을 처음 배우는 초보자가 외국의 유명한 고전음악가가 작곡한 클래식 음악을 처음으로 한 번 듣고 그 작품세계를 이해하기 힘든 것과 같다. 고차원적인 클래식 음악을 이해하기 위해서는 먼저 우리에게 이미 친숙한 쉬운 음악을 체계적으로 이해하는 연습부터 하는 것이 올바른 순서일 것이다. 그러므로 고전열역학에서 사용되는 제반 열역학적 개념을 이해하기 위하여, 먼저 열역학의 여러 개념 중 우리에게 가장 익숙한 온도 개념에 대하여 알아보도록 하자.

Chapter 4

온도의 개념

열역학에서 사용되는 가장 기본적인 개념이 바로 온도이다. 대부분의 사람들에게 온도는 이미 우리가 너무도 자주 사용하고 있어 하나의 개념으로 받아들이기가 어색할 정도로 친숙한 대상이다. 그러나 온도는 열역학의 이론을 구성하는 가장 기본적인 개념임에 틀림없으며, 열역학에 나오는 모든 개념의 성립을 가능하게 하는 시발점이다. 온도는 열역학에서 사용되는 가장 쉬운 개념 중의 하나이며, 우리가 아무런 거부반응 없이 손쉽게 사용할 수 있는 도구이다. 이와 같이 우리에게 너무도 익숙하여 간과해 버리기 쉬운 온도라는 개념에 대하여 좀 더 알아본다면, 나머지 열역학적 개념을 이해하는 데 많은 도움이 될 것이다.

열역학 법칙 중에 열역학 제0법칙이라는 것이 있다. 이 법칙은 물체 간의 열 이동과 열적 평형 관계를 정립한 법칙으로, 열역학 제1, 2법칙보다 우선하는 온도 개념을 설정하기 때문에 열역학 제0법칙이라는 이름이 붙여졌다. 열역학 제0법칙에 대한 기본개념은 그림 1에 나타나 있다. 그림과 같이 두 종류의 물질 A와 B가 서로 인접해 있는 상태에서 제3의 물질 C가 따로 존재한다고 하자. 여기서 말하는 물질 A, B, C는 임의의 용기에 담겨 있는 액체나 기체라고 생각하자. 열역학 제0법칙은 물질 A와 C가 서로 열적 평형상태에 있고, 다시 말해 두 물질 간에 열의 이동이 없고, 또한 물질 B와 C가 서로 열적 평형에 있다면, 결과적으로 두 물질 A와

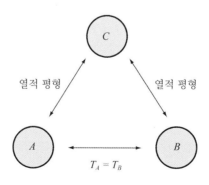

그림 1 열역학 제0법칙의 기본개념

B는 열적 평형상태에 존재한다는 것을 말해준다.

이 말은 우리가 현재 가지고 있는 상식을 염두에 두면 너무나도 당연하며, 법칙이라고 할 것까지도 없다고 생각할 수 있다. 그러나 여기서 우리가 현재 온도라는 개념을 사용하지 않는다고 가정하고 위의 상황을 다시한 번 생각해 보자. 먼저 물질 A와 C가 열적 평형에 있다고 했는데, 열의 이동이 없다고 해서 두 물질이 가지고 있는 다른 물성, 예를 들어 두 물질의 압력이나 부피 혹은 밀도가 같다고는 할 수 없을 것이다. 즉 두 물질의 부피나 압력은 달라도 두 물질 사이에 열의 이동은 없을 수 있다. 마찬가지로 물질 B와 C가 열적 평형에 있다고 했을 때, 두 물질 사이에 열의 이동은 없으나 두 물질의 부피나 압력은 또한 다를 수가 있다. 그러므로 물질 C의 관점에서 보면, A와의 관계를 고려할 때 C가 가지는 부피나 압력이, B와의 관계를 고려할 때 C가 가지는 부피나 압력과 다를 수 있다는 것이다. 즉 물질 A, B, C가 가지는 부피나 압력이 얼마든지 서로 다를 수 있는 반면, 그 사이에 열의 이동은 없다는 것이다.

열역학 제0법칙은 물질 A와 물질 B가 가지는 부피나 압력과 같은 여러 가지 물성은 달라도, 두 물질은 열적 평형에 존재할 수 있다는 사실을 말하고 있다. 그러면 여기서 두 물질 사이에 열이 왜 이동하는지를 생각해 보자. 그 이유는 열의 이동을 유발하는 어떤 변수가 존재하기 때문일 것이다. 예를 들어 강을 따라 물이 흐르는 것은 두 지점에서 물이 가지는 위치에너지 차이 때문이며, 그 위치에너지가 동일해질 때 물은 더 이상 흐르지 않는다. 또한 물체에서 전류가 흐르는 것은 두 지점의 전위가 다르기 때문이며, 그 전위차가 없어질 때 전기의 흐름은 중단될 것이다. 이와 유사하게 열의 이동에 대하여 생각하면, 열이 이동한다는 것은 두 물질이 가지는 그 무엇의 크기에 차이가 나기 때문이며, 그 무엇이 동일해질 때 두 물질 사이에 열의 이동은 없어지게 된다. 열역학 제0법칙에서는 그 무엇을 바로 온도라고 규정하였다. 그러므로 열역학 제0법칙은 두 물질이 가지는 다른 물성은 달라도 두 물질의 온도만 같으면 두 물질 사이에 열의 이동이 없다는 것을 말해준다. 이 법칙을 다른 말로 표현하면, 물질의 온도는 물질 간의 열 이동 여부를 결정해 주는 '유일한' 변수라는 것이다. 이와 같이 열역학 제0법칙이 규정해 주는 온도의 개념은 물질이 보유하고 있는 에너지의 전달 형태인 열의 이동 여부를 결정해 주는 매우 중요한 개념이다.

열역학 제0법칙은 우리가 현재 가지고 있는 열역학적 지식을 염두에 두면 아주 상식적인 수준이지만, 열역학적 온도의 개념을 규정해 주는 의미 있는 법칙이다. 이와 같이 온도는 주어진 물체가 주위와 열적으로 평형상태에 있는지 혹은 열을 교환하고 있는지를 판단하는 기준이 되는 하나의 열역학적 물성이다. 그러므로 흔히 상식적으로 말해 온도는 물체의 차갑고 뜨거운 정도를 나타내는 척도라는 정의는 잘못된 것이다. 예를 들어 같은 방 안에 있는, 즉 온도가 같은 나무판과 철판을 양손으로 동시에 만졌을 때 나무판은 미지근한 반면 철판은 차갑다고 느낄 것이다. 온도가 동일한 두 물체와 우리의 손이 닿았을 때 그 차갑고 뜨거운 정도가 다른 이유는, 두 물체의 온도가 다르기 때문이 아니라 우리 손에서 물체로 이동하는 열의 전달 속도가 다르기 때문이다. 열전도도가 큰 철판이 열전도도가 작은 나무판에 비해 훨씬 빨리 손으로부터 열을 빼앗아 간다. 다시 말해 두 물체의 온도는 같아도 차갑고 뜨거운 정도는 다르다는 것이다. 온도는 물체의 냉온의 정도를 나타내는 척도가 아니다. 온도는 주어진 물체가 주위와 열을 교환하는지의 여부를 나타내는 열역학적인 물성으로 이해되어야 한다. 이와 같이 물체 간의 열 이동에 대한 정의를 통해, 온도를 열적 평형을 결정하는 변수로 규정한 사실은 많은 열역학적 개념의 기초가 되며, 나아가 앞으로 설명할 상평형의 기본적 개념을 제공하게 된다.

시간이란 무엇인가라는 질문을 받았을 때 그에 대해 여러 가지로 대답할 수 있겠으나, 그 중의 하나가 시간은 시계로 측정하는 것이라는 대답일 것이다. 시간은 시계로 측정하는 것이란 정의는 원론적으로는 오류가 있을 수 있으나, 한편으로는 가장 구체적이고 현실감 있는 대답일 것이다. 여기서 만일 온도란 무엇인가라는 질문을 받는다면 우리는 온도란 온도계로 측정하는 것이라고 대답할 수 있고, 이 또한 매우 현실적인 답이 될 것이다. 시간이란 개념이 시간을 측정할 수 있는 장치인 시계가 만들어짐과 동시에 생겨났듯이, 온도란 개념도 온도를 측정하는 장치인 온도계의 등장과 함께 구체화되었다고 할 수 있다. 다시 말해 온도는 열역학 제0법칙의 설명과 같이 열적 평형을 나타내기 위해 도입된 하나의 개념이며, 온도계의 발명에 따라 현실적으로 사용되는 열역학적 물성이다. 그리고 현재 우리가 사용하는 온도의 값들은 인간의 약속에 의해 정해진 값이지 절대 불변하는 숫자가 아니라는 것이다. 예를 들어 어떤 물질의 온도가 25℃라고 했을 때, 이 값은 어떤 상태에 있는 물질이 가지고 있는 고유의 값이 아니라 인공적으로 부여된 값이다. 따라서 그 물질의 온도를 25℃가 아닌 다른 값으로 결정해도 무방하며, 이때 결정된 값은 항상 어떤 기준값에 대해 상대적인 값을 나타내게 된다.

여기서 다시 한번 강조하고 싶은 것은 온도도 하나의 개념이라는 것이다. 열역학을 공부하면서 학생들이 가장 어려워하는 것이 열역학에서 사용되는 깁스에너지, 퓨가시티 등과 같은 개념을 이해하기가 힘들다는 것이다. 우리는 이러한 것들을 어려운 지적 사고를 통해 이해해야만 하는 대상으로 받아들이게 되며, 그 이유는 단지 그 대상에 대해 생소하기 때문이다. 반면 온도라는 단어를 접했을 때, 이것을 지적 사고를 통해 이해해야 하는 개념으로 받아들이는 사람은 아무도 없다. 왜냐하면 우리는 온도라는 개념에 너무도 익숙해 있고 늘 그 개념을 일상생활에서 사용하고 있기 때문이다. 온도나 퓨가시티 등은 모두 인간이 만들어 낸 열역학적 개념이며, 그 개념이 얼마나 어렵고 쉬운가 하는 것은 그 개념에 우리가 얼마나 친숙해 있고 얼마나 자주 사용하는가의 문제이다. 그러므로 우리가 이해하지 못하겠다고 판단해 버린 개념들이 있다면 그것을 그냥 방치해 둘 것이 아니라, 교과서의 실제 계산문제에서나 혹은 일상생활에서 일어나는 여러 가지 현상들에 응용하여 직접 사용해 본다면 그 개념을 이해하기가 훨씬 쉬워질 것이다.

열역학적 개념을 이해하는 데 알아야 하는 사실은, 열역학적 개념은 인간이 '만들어 낸' 것이지 원래부터 존재해 있던 것이 아니라는 것이다. 열역학에서는 혼합물의 거동, 상평형 등과 같이 순수한 '자연현상'을 설명하기 위하여 '인공적인' 도구를 사용하는데, 그 도구가 바로 열역학적 개념이다. 발생하는 자연현상은 변할 수 없는 불변의 것이지만, 그 현상을 설명하는 도구는 만들어진 것이기 때문에 다른 형태의 도구로 대체해도 무방하다. 쉬운 예로 목수가 집을 짓기 위해 여러 가지 연장을 사용하지만 반드시 그 연장을 사용하지 않아도 집을 지을 수 있으며, 나아가 기존의 연장들보다 더 효율적인 연장을 만들어 낼 수도 있다. 열역학적 개념들도 이 연장과 다를 바 없다. 사람이 하는 작업을 좀 더 효율적으로 수행할 수 있도록 연장을 만들었듯이, 자연에서 일어나는 현상을 좀 더 쉽게 설명하기 위하여 열역학적 개념이 만들어진 것이다. 그러므로 이 개념들은 인간의 사고에 의한 결과, 즉 주어진 현상을 설명하기 위하여 어떤 방법을 사용해야 하나와 같은 의문에서부터 파생된 결과이다. 이러한 의문은 누구라도 쉽게 가질 수 있고 또한 자기 나름대로의 방법, 즉 자기만의 도구를 사용하여 그 현상을 쉽게 설명하는 방법을 발견할 수 있다. 다시 말해 우리도 새로운 열역학적 개념을 만들어 사용할 수 있다는 것이다. 열역학적 개념은 약간의 지적인 사고만 동반한다면 우리와 멀리 떨어진 어려운 대상이 아니라 누구나 친숙해지고 쉽게 사용할 수 있는 도구가 된다. 이와 같은 관점에서 보면 우리가 온도라는 열역학적 개념을 가장 쉽고 간단히 사용하는 것과 같이, 그 외의 개념 또한 원리와 사용법에 조금만 익숙하다면 온도와 같이 쉽게 이해하고 사용할 수 있을 것이다.

새로운 열역학 개념을 이해하고자 할 때 그 개념을 최초로 고안해 낸 사람이 누구이며 또한 그 개념을 연구하게 된 동기가 무엇이었는가를 생각해 보자. 그러면 그 개념을 이해하는 데 많은 도움이 될 것이다. 다시 말해 우리가 그 개념의 주체적인 고안자가 되는 것이다. 주어진 자연현상을 설명하고자 할 때 어떤 도구를 사용해야 하나와 같은 질문을 스스로 하면서 사고의 주관을 우리 자신으로 둘 때, 피상적으로는 이해하기가 힘들어 보였던 개념이 쉽게 받아들여짐을 느낄 수 있을 것이다.

열역학은 개념의 이해를 근본으로 하는 학문임에 틀림이 없다. 공학으로서의 열역학을 실제 공정에 적용하기 위해서는 반드시 그 개념의 파악이 선행되어야 한다. 열역학의 목적은 물질의 에너지를 규명하고 계산하는 것이라고 했다. 그 계산을 위한 도구로서 열역학적 개념을 사용하지만, 개념에 대한 근본적인 이해 없이 단순히 기계적인 계산에만 사용한다면, 마치 영혼 없는 인간이 쓴 글을 읽는 것과 같을 것이다.

Chapter

5

열이란
무엇인가

Concept of Heat

열역학의 개념을 이해하기 위해 던질 수 있는 첫 질문은 열이란 무엇인가이다. 그러나 현재 열역학을 공부하는 학생들은 이 질문에 굳이 대답해야 하는 필요성을 느끼지 못할 것이다. 왜냐하면 열은 온도와 같이 우리에게 너무도 익숙한 개념이며 항상 일상생활과 밀접해 있기 때문에, 고전열역학을 배우는 우리로서는 열에 대한 학문적 정의를 내리는 것이 꼭 필요하지 않을 수도 있다. 그러나 우리가 알고 있는 열에 대한 상식은 열역학에서 사용되는 열의 개념에 비추어 볼 때 잘못된 점이 있음을 지적하고자 한다.

우리는 어떤 물질에 열이 '저장'된다고 말하지만 이것은 틀린 말이다. 열역학에서 열이란 저장되는 대상이 아니라 '에너지의 이동 형태'로 정의된다. 서로 다른 온도를 가진 물체가 접촉했을 때, 열은 고온의 물체에서 저온의 물체로 이동하게 되며, 이 이동하는 에너지의 형태를 열이라고 한다. 에너지가 열의 형태로 이동한 다음, 그 물체에 저장될 때는 내부에너지의 형태로 저장된다. 우리 몸과 주위 환경의 관계를 생각할 경우, 우리가 열을 느낀다는 사실은 이미 에너지가 이동하고 있다는 것을 의미한다. 예를 들어 50℃의 고온에 있는 물체를 손으로 만졌을 경우 우리는 뜨거움을 느끼게 된다. 이때 뜨거움을 느낀다는 사실은 에너지가 물체에서부터 손으로 '전달'되었다는 것을 의미하며, 따라서 열이 발생한다고 말한다. 만일 온도가 체온과 동일한 36℃인 물체를 손으로 잡았을 경우 손과 물체의 온도는 동일하며, 따라서 에너지의 이동이 없으며, 이 경우에는 열이 발생하지 않는다고 말한다. 그러나 얼음과 같이 온도가 0℃인 물체에 손을 접촉했을 때 차가움을 느끼게 되는데, 그 이유는 에너지가 우리 손에서 차가운 물체로 이동하기 때문이다. 즉 이때도 '열이 발생'하는 것이다. 다시 말해 에너지가 이동하고 있다는 것이다. 그러므로 우리는 얼음에 손이 닿았을 때 차갑다고 느끼면서도 열이 발생하는구나 하고 말해야 된다. 그림 2와 같이 포도주를 차갑게 하기 위하여 얼음 속에 술병을 담갔을 때도 열이 발생하는데, 그것은 에너지가 술병에서 얼음으로 이동하기 때문이

그림 2 **열의 발생**

다. 이와 같이 열이란 개념은 에너지가 이동할 때 그 의미를 가지며, 에너지의 이동이 없을 때는 열이란 개념이 존재하지 않는다. 그러므로 우리가 생활 중에 느끼는 뜨거움과 차가움 혹은 더움과 추움과 같은 현상은 주위 환경과 우리 몸 사이에서 일어나는 에너지의 이동현상, 즉 열이 발생되는 현상이며, 따라서 열이란 개념은 온도의 차이가 존재함과 동시에 성립하게 되는 것이다.

열의 개념을 정립하고자 했던 18세기에는 열이 전달되어 물체의 온도가 상승하는 이유가 열소$_{caloric}$라는 물질이 물체 속으로 들어가기 때문이라고 생각하였다. 라틴어로 *calor*는 열이란 뜻이다. 그 당시에는 열을 물질의 일종이라고 생각하였고, 열소는 일정한 탄성을 가지고 쉽게 흐를 수 있으며 무게가 없는 유체와 같은 것으로 간주되었다. 열소를 이루는 유체는 서로 반발력을 가진 입자들로 구성되어 있고, 그 입자들은 모든 물질과 친화력을 가지며, 물질 속에 보존될 수 있다고 생각하였다. 또한 열소는 한 물질에서 다른 물질로 쉽게 이동할 수 있으며, 열소가 물체에 출입함으로써 물체의 온도변화가 일어난다고 생각하였다. 즉 물체가 뜨거워지는 것은 열소가 들어가기 때문이고, 차가워지는 것은 열소가 빠져나오기 때문이라고 생각하였다. 일부 학자들은 심지어 냉소_{frigoric}라는 유체도 존재하여, 물체가 차가워지는 것은 냉소가 물체에 주입되기 때문이라고 주장하기도 하였다.

열소의 개념은 오래 전 고대 그리스 철학자들로부터 유래되었다. 그 당시에는 물체의 온도가 높아지는 것이 열의 씨앗이라고 불리는 작은 입자로 구성된 물질이 물체로 들어가기 때문이라고 생각하였다. 그 이후로 이 물질은 입자가 아닌 유체의 일종이라고 간주되었다. 열의 발생에 대한 이 같은 열소이론은 놀랍게도 거의 18세기 후반까지 정설로 받아들여졌다. 여기서 한 가지 흥미로운 사실은 온도라는 영어 단어의 어원이 열소이론으로부터 유래되었다는 것이다. 온도는 영어로 temperature이며, 그 어원은 *temper*이다. Temper란 단어는 '기질', '기분'과 같은 뜻 이외에, 두 물질을 '섞다' 혹은 '혼합하다'라는 동사적 의미를 가진다. 어원적으로 사람의 기질_{temper}이란 인간이 가질 수 있는 악함과 선함이 어떤 비율로 '혼합'된 결과라는 뜻이다. 실제로 두 금속을 섞어 합금을 만든다고 할 때 섞는다는 동사로 temper을 사용하고, temperature은 이렇게 만든 합금을 지칭하는 명사로도 사용된다. 결론적으로 temperature은 서로 다른 물질이 섞인 혼합물이라는 뜻을 가진다. 즉 물체의 온도가 올라가는 이유는 열소라는 물질이 물체에 들어와 혼합되기 때문이고, 온도가 높은 물체는 곧 열소와의 혼합물이라는 것이다.

이러한 열소이론의 오류를 지적한 사람은 18세기 말 병기공장에서 대포를 제작하던 영국인 럼퍼드였다. 그는 황동으로 된 대포의 포신을 금속연장을 사용해 깎을 때, 포신에 많은 열이 발생한다는 사실에 대하여 깊이 생각하였다. 열소이론에 따르면 열이 발생하는 이유는 금속이 포신에서 깎이는 과정에서 금속조각이 떨어져 나오고, 이 금속조각 안에 들어 있던 열소가 압착되어 밖으로 유출된 다음, 다시 포신으로 들어가기 때문인 것으로 설명된다. 럼퍼드는 이 같은 논리를 의심하였으며, 자신의 생각을 확인하기 위하여 다음과 같은 실험을 행하였다. 그는 무게가 50 kg인 포신용 금속에 회전하는 연장을 사용하여 구멍을 뚫으면서 금속의 온도를 측정하였다. 30분 후 연장이 960번 회전한 다음 포신의 온도가 40℃ 증가하였는데, 그때 떨어져 나온 금속의 양은 70 g에 지나지 않았다. 그는 이렇게 적은 양의 금속조각에 50 kg이나 되는 포신의 온도를 40℃나 올리는 데 필요한 열소가 들어 있다는 사실을 믿기 어려웠다. 그러므로 그는 열을 발생시키는 그 무엇은 열소와 같이 한정된 양을 가진 물질이 아니라는 결론에 도달하였다. 그의 논리는 이후 여러 과학자들에 의해 숙고되었으며, 그로 인해 열소이론이 완전히 틀렸다는 결론이 내려졌는데, 그때가 19세기 초반이었다.

또한 그 당시 태양광과 같이 공간을 통해 전달되는 복사파가 물체에 닿으면 온도가 상승하는 현상이 연구되었는데, 이때 열소라는 물질이 공간을 통해 전달된다고 믿기에는 한계가 있었던 것이다. 그러므로 복사파는 일정한 파장을 가진 파동으로 간주되었고, 그때 발생하는 열은 물체를 구성하는 작은 입자, 즉 분자의 진동에 의한 것임을 밝혀내었다. 그리고 물체에 저장되는 열의 양은 물체 분자의 운동에너지 크기에 비례한다는 결론에 도달하였고, 에너지는 파괴되지 않고 보존된다는 개념이 싹트기 시작하였다.

열소이론은 물론 옳은 이론은 아니었지만 고전열역학이 태동되던 18세기의 모든 과학자들이 동의했던 이론이다. 예를 들어 가역적 순환공정에 대한 이론을 전개했던 카르노의 논문에서도 열소이론을 정설로 받아들여 사용하였다. 또한 열소이론은 우리가 상식적으로 생각하는 열의 출입에 대한 개념을 반영해 준다는 점에서 중요한 의미를 가지며, 현재 우리가 사용하는 열의 단위인 칼로리calory가 열소caloric라는 이름과 연관되었음을 상기할 때, 열소이론은 고전열역학이 정립되는 과정에서 적지 않은 기여를 했다고 할 수 있다.

물체에 열이 출입한다는 것은 물체를 구성하는 분자의 위치 및 운동에너지, 그리고 분자 사이에 존재하는 상호에너지가 증가 혹은 감소하는 것을 의미한다. 이 같은 열의 개념은 19세기 중반에 이르러 확립되었으며, 따라서 그 당시 기계적 에너지와 열에너지의 상관관계를 정립하려는 시도가 많이 행해졌다. 그 중 가장 대표적인 것이 줄의 실험이었으며, 그 실험에 의해 열에너지가 저장되는 형태인 내부에너지라는 개념이 도입되었다.

Chapter 6

내부에너지

지금까지 설명한 온도나 열과 같은 열역학적 개념은 우리에게 너무 친숙하여, 사람들은 애써 그 개념을 이해하려고 노력하지 않는다. 열역학에서 등장하는 개념 중 일반인들에게 익숙하지 않은 최초의 개념은 아마 내부에너지일 것이다. 내부에너지야말로 열역학에서 가장 중심이 되는 기본 개념이다. 왜냐하면 전술한 바와 같이 열역학은 물질의 에너지를 다루는 학문이라 정의하였는데, 내부에너지란 그 물질이 지닌 에너지 자체를 일컫는 명칭이기 때문이다. 내부에너지가 열역학의 기본이 되는 개념이라고 했지만, 사실 그 개념은 직관적인 동기에서 얻어진 것이며, 따라서 내부에너지는 어떤 수학적인 과정을 거쳐 정립된 개념이라기보다 다분히 임의적으로 정의된 개념이다.

내부에너지의 개념은 누구에게나 쉽게 이해될 수 있다. 예를 들어 컵에 담긴 온도 70℃의 뜨거운 물은 그 에너지의 양이 얼마인지는 모르지만 분명히 고유의 에너지를 가지고 있다. 즉 물질 자체가 가지고 있는 에너지를 내부에너지라 부르며, 세상의 모든 물질은 어떤 상태에 존재하든지 간에 일정 양의 내부에너지를 가지고 있다. 미시적으로 말하면 모든 물질의 분자는 끊임없이 여러 형태의 미세한 운동을 하고 있으며, 그 분자들의 운동으로 인하여 물질은 내부에너지를 지니게 된다. 예를 들어 물이라는 물질이 있을 때, 그 물의 온도가 영하이든지 아니면 비등점보다 높든지 간에 물분자는 항상 운동을 하고 있으며, 따라서 일정한 내부에너지를 가지게 된다.

물질을 구성하는 분자의 운동 형태는 회전, 진동, 전이 등으로 나누어지며, 각 분자들은 분자 상호간에 작용하는 인력과 반발력의 영향 아래 존재하게 된다. 이로 인해 분자들은 다음과 같은 세 종류의 에너지를 보유하게 된다. 그것들은 일정한 속도로 운동하는 분자들이 가지는 운동에너지, 분자 간에 미치는 힘으로 인한 각 분자의 위치에너지, 그리고 분자를 구성하는 원자와 전자들에 의해 분자 자체가 보유한 에너지이다. 분자의 운동에너지는 개별 분자의 질량과 이동속도에 의존하며, 위치에너지는 분자들이 인접한 정도와 상호간에 미치는 힘의 차이에 따라 크게 달라진다. 또한 분자 자체의 에너지는 그 분자를 구성하는 원자의 개수와 구조에 따라 그 형태가 상이하게 된다. 이들 각각의 에너지를 따로 계산하는 일은 고전열역학의 범주에 속하지 않으며, 주로 양자역학에서 다루어지는 과제이다. 여기서 알아야 되는 사실은 외부로부터 열이 물질에 전달된 후 그 열에너지는 위와 같은 세 가지 에너지의 형태로 물질에 저장되며, 따라서 물질의 내부에너지는 이 에너지들을 통틀어서 지칭한다는 것이다. 예를 들어 일정량의 물에 열이 전달되어 물이 모두 증기로 변했다고 생각해 보자. 이때 전달된 열은 모두 물분자의 운동에너지, 위치에너지, 그리고 분자 내의 원자들이 보유한 에너지를 증가시키는 데 사용되며, 이때 우리는 물의 내부에너지가 증가했다고 말한다. 물론 내부에너지의 개념은 모든 형태의 물질에 적용되지만, 고체로 존재하는 성분보다는 주로 분자의 운동이 활발한 액체나 기체상태에 있는 물질의 에너지를 나타내기 위해 만들어진 개념이다.

내부에너지에 대한 개념은 19세기 중반에 기계적 에너지와 열에너지의 상호관계를 규명하는 과정에서 정립되었다. 일정량의 열에 해당하는 기계적 에너지가 얼마인가를 최초로 계산한 사람은 1842년 마이어$^{J. R. Mayer}$였다. 그는 움직일 수 있는 피스톤이 달린 실린더 내에 있는 기체에 열을 가하면서, 기체의 온도변화를 측정하는 실험에 대하여 고찰하였다. 그는 두 가지 다른 경우에 대하여 실험하였다. 첫째 기체에 열을 가하면서 피스톤을 상승시켜 기체의 부피를 늘어나게 하고 따라서 기체의 압력을 일정하게 유지시키는 경우, 둘째 열을 가하면서 피스톤을 고정시키고 따라서 기체의 부피는 일정하게 하고 압력을 상승시키는 경우를 관찰하였다. 그 결과 기체의 온도를 일정한 값만큼 높이는 데 필요한 열은 두 가지의 경우에 각각 달랐다. 그는 첫째 경우에 필요한 열이 둘째 경우보다 많음을 발견하였다. 마이어는 기체의 압력이 일정하게 유지되면서 부피가 늘어나는 경우에 더 많은 열량이 필요한 이유는 기체의 부피가 팽창하면서 주위에 그 만큼의 기계적 일을 해주기 때문이라고 생각하였다. 즉 기체가 주위에 해준 기계적인 일만큼의 열이 더 필요하다고 생각하였고, 이에 따라 일에 대한 열의 상당량을 계산하였다. 마이어는 그 당시의 실험결과로 665 ft-lb$_f$의 일이 1 Btu에 해당한다는 것을 밝혀내었다.

기계적 일과 열의 상당량에 대한 계산을 확립한 사람은 줄이었다. 그는 19세기 중반에 수행한 그림 3과 같은 줄의 실험을 통해 1 Btu의 열량에 해당하는 일의 양이 얼마인가를 측정하였는데, 그는 여러 가지 실험장치와 방법을 수정해가며 더 정확한 값을 얻고자 노력하였다. 그는 물이 든 용기에 날개가 달린 회전축을 장착하고, 그 회전축을 낙하하는 물체와 연결하여 물체가 자유낙하하면서 축이 회전하도록 설치하였다. 일정한 무게를 가진 물체가 떨어지는 힘에 의해 날개가 회전하고, 그 날개와 물 사이에 발생하는 마찰에 의해 물의 온도가 상승함을 관찰하였다. 그리고 물의 온도상승 값과 측정된 물체의 낙하 에너지를 이용하여 열에 대한 일의 상당량을 계산하였다. 그는 물 대신에 수은을 사용하기도 하였고 회전축에 달린 날개의 수를 바꾸기도 했는데, 그에 따라 열과 일의 상당량이 조금씩 다르게 계산되기도 하였다. 그는 실험을 통해 액체에 가해지는 기계적 에

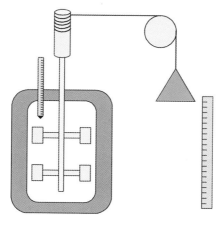

그림 3 줄의 실험

너지와 발생되는 열의 양은 항상 비례한다는 결론을 내렸다. 그것은 결국 한 형태의 에너지(기계적 에너지)가 소비되면 그에 비례해서 다른 형태의 에너지(열에너지)가 발생하여 물질에 축적된다는 내부에너지의 개념을 정립한 것이다. 또한 이로 말미암아 에너지는 소멸하지 않고 보존된다는 사실이 받아들여지게 되었다.

내부에너지의 개념은 결국 동력을 통해 얻을 수 있는 기계적인 일이 열에너지로 변환될 때, 그 에너지가 어떤 형태로 존재할 것인가에 대한 의문을 통해 정립되었다. 그에 대한 해답은 에너지가 물질 자체에 보존된다는 것이었으며, 그 에너지의 형태가 바로 내부에너지인 것이다. 내부에너지는 물질에 저장되는 에너지를 말하며, 물질이 외부로부터 고립되어 있다면 그 에너지는 물질에 보존되어 있게 된다. 이러한 내부에너지의 개념이 에너지 보존의 법칙인 열역학 제1법칙의 시발점이 된다.

그렇다면 여기서 물질의 내부에너지 값이 얼마로 정해져 있는가 하는 질문을 할 수 있다. 예를 들어 20℃하에 있는 물 1 g의 내부에너지는 얼마인가 하는 것이다. 물론 그 값은 현재 수증기 표와 같은 열역학 데이터에 모두 수록되어 있지만, 여기서는 그 질문에 바로 쉽게 대답할 수가 없다. 왜냐하면 전술한 바와 같이 내부에너지의 개념은 직관적인 사고에서 출발한 것이며, 그 개념의 태동과 함께 특정 물질의 내부에너지 값이 부여된 것이 아니기 때문이다. 열역학에서는 물질의 내부에너지를 계산할 때, 그 절댓값이 얼마인가 하는 사실보다도 그 값이 어떻게 '변화'하는가를 구하는 것이 더욱 중요하다. 내부에너지 값은 정해져 있는 불변의 값이 아니라 어떤 상태에서의 기준값을 인위적으로 설정해 준 다음, 그 값을 기준으로 하여 상대적인 값을 부여하게 된다. 한편 내부에너지는 물질의 상태에 따라 변화하는데, 물질의 상태는 열역학적 변수인 온도, 압력, 조성 등에 따라 달라진다. 그러므로 내부에너지 값은 물질의 온도, 압력, 조성과 같은 독립변수에 따라 변화하며, 따라서 내부에너지는 그 변수에 따라 값이 결정되는 수학적 함수의 개념으로 나타낼 수 있다.

내부에너지는 온도, 압력과 같은 변수를 독립변수로 하는 수학적 함수이다. 그러나 현실적으로 내부에너지는 열역학에서 물질의 에너지 계산에 직접 활용되는 도구로는 잘 사용되지 않는다. 다만 내부에너지는 물질의 에너지 계산을 가능하게 해주는 열역학 제1법칙을 태동시킨 원리를 제공해준다는 데 큰 의미가 있다. 내부에너지 개념은 열역학에서 다분히 원론적인 역할을 하며, 실제적인 에너지 계산에 사용되는 좀 더 현실적인 물리량을 탄생시킨 기본이 되는데, 그 현실적인 물리량이 바로 엔탈피이다.

Chapter **7**

열역학
제1법칙

The First Law of Thermodynamics

열역학 제1법칙은 에너지 보존의 법칙이다. 에너지가 보존된다는 말은 주어진 계에 포함되어 있는 물질의 에너지와 그 계를 제외한 나머지 외계가 가지고 있는 에너지의 총합이 항상 일정하다는 것이다. 사실 열역학 제1법칙은 같은 뜻을 가진 여러 가지 다른 표현으로 정의되지만, 결국 주어진 계와 외계가 보유하는 총 에너지는 변화하지 않는다는 말로 요약된다. 그러면 이러한 뜻을 가진 열역학 제1법칙이 궁극적으로 가지는 의미는 무엇인가. 그것은 바로 관심의 대상이 되는 계, 즉 주어진 물질의 에너지 변화를 계산할 수 있게 하고, 더불어 계와 외계 사이에 일어나는 에너지의 교환 형태인 열과 일의 기본개념을 확립시킨다는 것이다. 다시 말해 열역학 제1법칙은 에너지energy, 열heat, 그리고 일work, 이 세 가지 물리량의 상관관계를 정의해 주는 기본 법칙이다.

열역학 제1법칙의 개념이 정립된 것은 열동력 기관이 고안되어 사용되었던 시기였다. 그 당시 연구자들의 관심은 동력 기관에 공급된 열량과 그 기관으로부터 얻을 수 있는 일의 관계를 구하는 데 있었다. 즉 일과 열의 관계를 정립하는 데 주력하였던 것이다. 이 연구의 효시가 바로 제6장에서 언급한 줄의 실험이다. 영국 사람인 줄James Prescott Joule은 1818년 양조장을 경영하는 부유한 집안에서 태어났다. 그는 일반학교나 대학과 같은 관제 교육은 받지 않았으며, 집에서 부모와 개인교사로부터만 교육을 받았다. 따라서 그는 과학이나 수학과 같은 지식은 부족하였으며, 이 점이 줄이 수행하는 연구에 결점으로 작용하였다. 그는 가업에는 거의 관여하지 않은 반면 집안의 부유함을 이용해 과학적 실험에만 몰두할 수 있었다. 1840년경에 행한 그 유명한 줄의 실험은 열역학이라는 학문을 태동시킨 실험이라고 해도 과언이 아닐 정도로 중요한 연구결과를 남겼다. 그가 연구한 것은 일정량의 기계적 일이 얼마만큼의 열에 해당하느냐 하는 것이었다. 그가 당시의 실험 기구를 통해 구한 열의 일 상당량은 4.15 J/cal였다. 이 수치는 현재 우리가 사용하고 있는 4.18 J/cal에 거의 근접한 값으로, 160여 년 전 그의 실험이 얼마나 정확하게 이루어졌는가를 알 수

James Prescott Joule (1818~1889)

있다. 당시 줄이 측정한 값에 약간의 오차가 있었던 이유는 두 가지가 있는데, 그것은 물의 열용량이 온도의 함수임을 간과하고 열용량을 일정한 값으로 두고 계산했다는 것과 온도 측정에 사용한 수은 온도계의 부정확성 때문이었다. 오늘날 우리가 사용하고 있는 일의 단위인 줄이 그의 이름을 딴 것이라는 사실을 상기하면, 그의 연구가 열역학에 얼마나 큰 영향을 미쳤는지 알 수 있다.

이와 같은 줄의 업적을 근거로 하여 열역학 제1법칙을 확립시킨 사람은 1822년에 태어난 독일의 물리학자 루돌프 클라우지우스Rudolf Clausius였다. 대학에서 수학과 물리학을 전공한 다음, 독일 여러 대학의 수리물리학과 교수를 지낸 클라우지우스는 줄의 실험결과를 수학적인 견지에서 고찰하였고, 그 결과 열역학 제1법칙을 도출하였다. 그는 1850년 고전열역학에서 가장 중요한 논문이라고 할 수 있는 〈열의 동력에 대한 고찰Über die bewegende Kraft der Wärme〉이라는 논문을 발표하였다. 독일어로 된 이 논문에서 그는 내부에너지 개념을 처음 사용하였으며, 이를 상태함수라고 불렀다. 그리고 이 상태함수와 열, 일의 상관관계를 정립한 열역학 제1법칙을 확립하였던 것이다. 클라우지우스는 열역학 제1법칙뿐만 아니라, 엔트로피와 같이 현재 우리가 사용하고 있는 다른 많은 열역학적 개념을 도입한 인물로서 고전열역학을 태동시킨 사람이라 해도 과언이 아니다.

열역학 제1법칙은 계와 외계 사이의 에너지 교환에 대한 법칙을 정립시켰다. 다시 말해 주어진 물질이 보유한 에너지와 그 물질의 외부에서 물질로 전달되는 열이나 일의 상관관계를 수식적으로 표현한 것이다. 그 관계를 설명하기 위하여 다시 줄의 실험에 대한 예를 들어 보자. 줄의 실험은 단열된 용기 내에 담겨 있는 물을 회전날개로 교반하여 물의 온도가 상승하는 현상을 관찰한 내용이다. 이 실험을 통해 줄은 물에 일정량의 일을 가했을 때 물의 온도가 얼마만큼 증가하는가를 측정하였다. 여기서 물을 교반한다는 것은 계에 기계적인 일을 가한다는 것이고, 물의 온도가 상승한다는 것은 계의 에너지, 즉 물의 내부에너지가 증가한다는 것을 의미한다. 결과적으로 계에 일 W를 가함으로써 계의 내부에너지 U의 변화를 유발하게 되는 것이다. 이것을 식으로 나타내면 다음과 같다.

$$\Delta U = W \tag{1}$$

이 식의 의미는 계에 가해진 일정량의 일로 인하여 계의 에너지가 변화된다는 것이다. 계의 에너지 변화 ΔU는 일이 가해진 전과 후 물의 내부에너지 차이인 $U_2 - U_1$을 뜻하는 반면, 가해진 일 W는 어떤 차이가 아니라 절대량을 나타낸다. 다시 말해 물질이 보유하는 에너지는 '변화'하는 대상이며, 그 변화를 유발시키는 일은 에너지가 '전달'되는 형태라는 것이다. 그러므로 식 (1)은 외부로부터 전달된 일에너지는 모두 물질의 내부에너지 변화에 사용된다는 것을 의미한다. 이것을 역으로 말하면 물질의 내부에너지 변화를 알면 그 변화를 통해 계로 전달된 기계적인 일의 양을 구할 수 있다는 것이다.

한편 줄의 실험에 사용된 물이 담긴 용기에 회전날개를 장착하지 않고 그 대신 열을 가할 수 있는 가열기를 부착했다고 하자. 가열기는 물에 열을 가하여 물의 온도를 높여주는 역할을 한다. 즉 계에 열 Q가 가해져 물의 내부에너지가 증가하게 되는 것이다. 이것을 식으로 나타내면 다음과 같다.

$$\Delta U = Q \tag{2}$$

식 (2)의 의미는 어떤 물질에 일정량의 열이 가해지면, 그 전달된 열의 양은 모두 물질의 내부에너지를 변화시키는 데 사용된다는 것이다. 이것을 바꾸어 말하면 계를 구성하는 물질의 내부에너지 변화를 구하면, 그 변화가 일어나는 동안 계를 출입한 열의 양을 계산할 수 있다는 것이다. 이 경우도 일이 가해질 때와 마찬가지로, 물질의 에너지는 변화하는 대상인 반면 전달되는 열은 변화하는 대상이 아니라 에너지가 전달되는 형태라는 것이다. 이와 같이 일과 열이 계에 가해지거나 제거될 때는 항상 계를 구성하는 물질의 에너지 변화가 수반되며, 이 사실은 일과 열이 에너지가 보존되는 형태가 아니라 에너지가 '이동'할 때 나타나는 물리량이라는 것을 말해준다.

이제 계에 일과 열이 동시에 가해지는 경우 계의 에너지 그리고 계에 가해지는 일과 열의 관계를 나타내면 다음과 같은 식이 된다.

$$\Delta U = Q + W \tag{3}$$

식 (3)은 주어진 계의 에너지 변화와 계에 출입하는 에너지의 이동 형태인 열과 일의 상관관계를 나타낸다. 이 식이 열역학 제1법칙이다. 식 (3)의 등호 좌변은 계의 에너지 변화를, 우변은 외계에서 계로 전달되는 에너지, 다시 말해 외계의 에너지 변화를 나타낸다. 결국 열역학 제1법칙은 계의 에너지 변화는 외계의 에너지 변화와 같다라고 표현되는 에너지 보존의 법칙을 나타내고 있다. 그러나 열역학 제1법칙에서 이 원론적인 사실보다 더 중요한 점은, 이 법칙이 물질이 보유한 내부에너지의 개념을 정립하고 동시에 그 내부에너지의 변화를 유발시키는 열과 일이라는 물리량의 개념을 규정하고 있다는 것이다.

열역학 제1법칙에서 사용되고 있는 내부에너지, 열, 일, 이 세 가지의 개념은 가시적 그리고 비가시적 에너지라는 표현을 빌어 설명된다. 가시적이란 단어는 글자 그대로 '볼 수 있는' 혹은 '나타나는'이란 뜻이고, 비가시적은 그와 반대되는 말이다. 열역학 제1법칙에서 사용되는 내부에너지는 비가시적 에너지이며, 열과 일은 가시적 에너지이다. 물질이 내부에너지를 가지고 있다는 사실은 겉으로 드러나지 않는다. 물질을 관찰하는 사람의 입장에서 보면 물질의 내부에너지는 외부로 표시되지 않으며, 다만 물질 자체에 보관되어 있을 뿐이다. 이 보관되어 있는 에너지는 외부로 이동하지 않는 한 그 존재가 관찰되지 않는 비가시적인 에너지이다. 그러므로 우리는 물질이 현재 보유하고 있는 내부에너지의 양을 측정하기 위해서는 그 에너지를 물질의 외부로 이동시켜야 한다. 예를 들어 내부에너지 값을 결정하기 위하여 물질의 온도를 측정하려면, 그 물질이 보유하고 있는 에너지 중 일부를 외부, 즉 온도계로 이동시켜야 한다는 것이다. 이와 같이 내부에너지는 그 자체를 이동시키지 않는 한 관찰할 수 없는 비가시적 에너지이다.

이와 반대로 열과 일은 관찰자가 감지할 수 있는 가시적 에너지이다. 열은 온도가 높은 물체에서 낮은 물체로 에너지가 이동할 때 생성되는 에너지의 이동 형태이며, 일은 물질의 부피변화와 같은 현상을 수반하면서 발생하는 에너지의 전달 형태이다(사실 에너지, 일, 열 등의 개념이 정립되던 시기에 관심의 대상이 되었던 것이 열기관에서 얻을 수 있는 일의 양을 구하는 것이었으며, 열기관은 대부분 실린더와 피스톤으로 구성된 장치였다. 이 장치에서 얻을 수 있는 일의 형태는 실린더와 피스톤 사이에 포함된 물질의 부피변화이다. 그러므로 여기서 계에 일이 출입했다는 말은 계에 포함된 물질의 부피변화가 있다는 말과 같다.). 그러므로 열과 일은 그 존재 자체가 관찰되는 가시적인 에너지이다. 따라서 열과 일은 그 절대량을 측정할 수 있다. 줄의 실험에서와 같이 물이 담긴 용기에 회전날개를 통해 일이 전달되거나 가열기를 통해 열이 전달되는 경우 그 전달된 양을 측정할 수 있다는 것이다.

그러므로 열역학 제1법칙인 식 (3)에서 계와 외계 사이에 출입하는 열 Q와 일 W의 에너지는 구체적인 값으로 표시될 수 있다. 그러나 비가시적인 내부에너지는 절댓값으로 표시할 수가 없으며, 오직 그 변화량인 ΔU로만 나타내게 되는 것이다. 열역학 제1법칙은 가시적인 에너지인 열과 일, 그리고 비가시적 에너지인 내부에너지의 관계를 규정해 주는 법칙이다. 즉 외계에서 전달된 일정한 값을 가진 열과 일로부터 직접 그 절댓값을 구할 수 없는 내부에너지의 '변화량'을 계산할 수 있게 하는 것이 열역학 제1법칙의 주된 의미이다.

내부에너지는 물질의 고유 물성이다. 고유 물성이란 물질의 상태, 즉 온도, 압력, 부피, 조성 등이 정해지면 항상 일정한 값을 가지는 성질을 말한다. 반면 열과 일은 그렇지 않다. 열과 일은 에너지의 이동 형태이므로 경로나 과정에 따라 그 양이 달라진다. 그러므로 열과 일을 경로함수라고 부르기도 한다. 식 (3)은 경로함수의 절대량으로부터 물질의 고유 물성의 변화를 계산할 수 있도록 한 식이다. 고유 물성인 내부에너지의 변화가 계산된다는 것은 역으로 물질의 상태변화를 구할 수 있다는 것이며, 따라서 상태에 따라 변화하는 다른 고유 물성의 변화도 구할 수 있게 된다. 다시 말해 계와 외계 사이를 출입하는 경로함수인 열과 일을 통해, 계의 고유 물성의 변화를 계산할 수 있도록 만든 것이 열역학 제1법칙이다. 열역학 제1법칙인 식 (3)은 매우 간단하고 또한 에너지가 보존된다는 지극히 당연하게 들리는 내용을 가지고 있는 것 같지만, 위의 설명과 같은 관점에서 보면 식 (3)이 가지는 열역학적 비중은 매우 크며, 또한 열역학에서 사용되는 기본적인 물리량인 내부에너지, 열, 일의 개념을 규정한다는 점에서 상당히 중요한 법칙으로 인식되어야 할 것이다.

열역학 제1법칙에 사용되는 핵심적인 열역학 개념은 내부에너지이다. 제4장에서 설명한 열역학 제0법칙이 온도라는 개념을 탄생시켰다면, 열역학 제1법칙의 성립은 내부에너지 개념을 구체화시켰다고 해야 한다. 그리고 앞으로 설명하게 될 열역학 제2법칙은 엔트로피 개념을 도입하는 동기

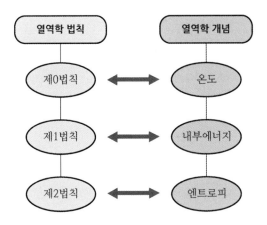

그림 4 열역학 법칙과 열역학 개념의 관계

를 제공했음을 상기할 때, 열역학에서 제시하는 제반 법칙들은 그 법칙을 성립시키는 기본개념을 간접적으로 정의해 주는 역할을 하고 있다. 그림 4는 열역학의 법칙과 그 법칙들에 의해서 규정되는 핵심 개념의 관계를 보여준다.

현재 우리는 열역학적 현상을 해석하기 위하여 사용하는 일, 열, 에너지와 같은 정의들을 별생각 없이 받아들이지만, 이러한 물리량들의 개념이 정립되기 위해서는 줄의 실험과 같은 수많은 과학적 실험과 클라우지우스 등이 남겼던 수학적 고찰이 수반되었다는 사실을 간과해서는 안 될 것이다.

Chapter 8

상률

Phase Rule

상률의 개념은 1878년 깁스에 의해 만들어졌다. 상률은 열역학에서 배우는 여러 이론 중에서도 아주 기발하면서도 유용한 법칙이다.

상률$_{\text{phase rule}}$을 설명하기에 앞서 우선 상$_{\text{phase}}$의 의미에 대하여 생각해 보자. 모든 물질은 고체, 액체 혹은 기체상으로 존재하는데, 그 상들의 정의에 대해서는 우리가 이미 잘 알고 있다. 그러나 여기서는 물질이 갖는 물성의 연속성이란 측면에서 상의 의미를 다시 한번 생각해 보자. 어떤 물질이 액체 혹은 기체의 단일상으로 존재한다면, 그때 가지는 물질의 밀도, 점도 등의 물성은 온도나 압력에 따라 연속적으로 변화한다. 예를 들어 일정한 압력하에서 액체의 온도가 증가하면, 액체의 밀도나 점도는 감소할 것이며, 이 현상은 일정한 비율에 따라 점차적으로 일어날 것이다. 그리고 온도가 아무리 변해도 물이 액체상으로 존재하는 한 온도의 증감에 따라 물성은 연속적으로 변화할 것이다. 그러나 만일 하나의 상이 다른 종류의 상으로 변화하게 되면, 그 물성의 변화는 급격히 불연속적으로 일어나게 된다. 예를 들어 물이 온도의 변화에 따라 액체상에서 기체상으로 변화한다면, 물의 밀도나 점도는 급격히 감소하여 두 상이 가지는 밀도와 점도값의 차이는 크게 달라진다. 즉 액체 물의 밀도와 기체 물의 밀도 사이에는 불연속성이 존재한다는 것이다. 그러므로 물질의 상태가 고체, 액체, 기체로 변화한다는 것은 그 물성의 변화가 급격히 일어난다는 것을 의미하며, 따라서 여러 개의 상이 공존하는 경우에 상과 상 사이에 형성되는 상 경계는 주어진 상의 물성값이 연속적으로 변화할 수 있는 한계를 정해주는 지점이 된다.

여러 개의 상이 공존하는 예를 들어 보자. 순수한 액체 물이 수증기와 평형에 존재하고 있을 때는 액상과 기상, 두 개의 상이 공존하는 경우가 된다. 액상의 물에 얼음 조각이 떠 있는 경우, 공존하는 상은 고상과 액상 두 개이다. 만일 물에 여러 개의 얼음조각이 떠 있는 경우는 몇 개의 상이 존재한다고 하는가. 다시 말해 고체상의 수는 얼음조각의 개수만큼 되지 않느냐 하는 것이다. 그것은 그렇지 않다. 이 같은 상황에서 공존하는 상의 수는 액상에 더하여 각 얼음의 개수만큼이 아니라, 한 개의 액상(물)과 한 개의 고상(얼음)이 공존한다고 말한다. 한 가지 더 예를 들면 열대어를 키우는 어항에 공기가 공급되는 경우와 같이 물속에서 많은 수의 기포가 분산되어 있는 경우, 공존하는 상의 수는 한 개의 액상과 그 액상에 분산되어 있는 기포 개수를 더한 수가 아니라, 한 개의 액상(물)과 한 개의 기상(기포), 즉 두 개의 상이 되는 것이다.

두 개의 액상이 공존하는 경우를 생각해 보자. 먼저 물질이 순수한 상태로 존재할 때는 두 개의 액상이 공존하는 일은 일어나지 않는다. 즉 순수한 물 내에 두 개의 액상이 존재하는 일은 없다. 두 개의 액상이 공존하는 경우는 서로 섞이지 않거나 부분적으로 섞이는 두 개 이상의 액체 성분이 혼합되었을 때 일어난다. 먼저 두 액체 성분이 완전히 혼합되는 예를 들어 보자. 물과 에탄올의 경우는 두 성분이 혼합되었을 때, 어떤 비율로 혼합되더라도 완전히 섞이며 두 개의 액체상으로 나누어지지 않는다. 그러나 물과 벤젠을 혼합시키면 두 성분은 서로 완전히 섞이지 않고 두 개의 상인 물상과 벤젠상으로 나누어지며, 비중이 큰 물상이 아래에, 비중이 작은 벤젠상이 윗부분에 놓이게 된다. 이때 물상에는 소량의 벤젠이, 벤젠상에는 소량의 물이 포함되어 있게 된다. 그러므로 공존하는 두 개의 각 상에는 물과 벤젠이 모두 포함되어 있으며, 다만 물상에서는 물의 함량이 월등히 높고 벤젠상에서는 벤젠의 함량이 높다는 것이다. 다시 말해 물과 벤젠은 부분적으로 섞이는 두 개의 액체상을 형성한다.

일반적으로 우리가 사용하는 아세톤, 에탄올, 벤젠, 톨루엔 등의 유기액체 성분들을 혼합했을 때, 그 혼합물의 형태는 물과 에탄올 같이 완전히 섞이는 경우와 물과 벤젠 같이 부분적으로 섞이는 두 가지의 경우로 나누어진다. 그렇다면 두 액상이 완전히 섞이지 않는 경우는 없는 것인가. 두 액상이 완전히 섞이지 않는 경우는 사실 거의 없다. 극단적인 예로 물과 수은을 한 용기에 혼합하면, 당연히 두 물질은 두 개의 상으로 나누어질 것이다. 그러나 이때 물상에는 아주 미소량의 수은이 녹게 되고, 수은상에도 극미량의 물이 포함된다. 다시 말해 우리가 알고 있는 모든 액체 성분은 다른 성분을 미량이나마 녹인다고 할 수 있다. 그러나 보통 물과 수은 같은 성분은 전혀 섞이지 않는다고 하고, 물과 벤젠은 부분적으로 섞인다고 한다. 물과 벤젠의 경우 상온·상압하에서 벤젠은 물에 무게비로 약 0.1% 정도 녹는다. 그러므로 물과 벤젠 혼합물의 경우, 평형상태에서 공존하는 두 개의 상 중에 물상 내의 벤젠의 농도는 약 0.1%가 되는 것이다.

　두 개의 액체상과 하나의 기체상이 공존하는 경우를 생각해 보자. 밀폐된 용기에 두 개의 액상이 공존하는 혼합물을 투입한 다음 온도를 상승시키면 기포가 발생한다. 이 기포는 액상의 상부에 위치하게 되며, 따라서 용기 내에는 세 개의 상, 즉 두 개의 액상과 한 개의 기상이 공존하게 된다. 물론 모든 종류의 혼합물이 일정한 온도와 압력하에서 항상 세 개의 상으로 존재할 수 있는 것은 아니며, 혼합물의 성분과 조성에 따라 세 개의 상이 공존하는 특정한 온도와 압력의 영역이 존재한다. 공존하는 두 개의 액상과 한 개의 기상에는 혼합물을 구성하는 성분들이 모두 들어 있게 된다. 예를 들어 그림 5와 같이 부분적으로 섞이는 두 액체 성분 A와 B를 혼합하여 특정 온도와 압력하에 두면 세 개의 상이 공존한다고 하자.

그림 5 이성분 혼합물이 세 개의 상을 이루는 경우

이때 두 개의 액상은 한 개의 기상과 평형상태에 있게 되고, 이때 세 개의 상에는 성분 A와 B가 모두 포함된다. 다만 두 액상의 경우 그림 5와 같이 비중이 큰 성분(A)이 주로 아래쪽에 모이게 되며, 비중이 작은 성분(B)이 주로 위쪽에 모이게 된다. 따라서 각 상에서 어느 한 성분이 다량으로 존재하면 상대적으로 다른 성분은 소량 존재하게 된다.

그러면 여기서 용기 내에 존재하는 기체상이 두 개의 기체상으로 나뉘어 공존할 수 있는가를 생각해 보자. 예를 들어 액체인 물과 벤젠이 혼합된 경우 서로 섞이지 않는 상의 경계면이 존재하는 것과 같이, 두 개의 서로 다른 기체 성분이 혼합되었을 때 서로 섞이지 않고 두 상으로 분리될 수 있는가 하는 것이다. 일부 열역학자들 중에는 두 개의 서로 다른 기체상이 분리되는 현상에 대하여 연구하는 사람도 있다. 그러나 일반적으로 두 개의 기체상이 공존하는 현상은 일어나지 않는다는 것이 정설이며, 따라서 단일 용기 내에서 기체상은 성분의 종류에 관계없이 항상 한 개로만 존재하게 된다.

이와 같은 여러 상의 공존에 대한 개념을 염두에 두고 이제 상률에 대하여 알아보자. 상률의 개념은 다음과 같은 예를 통해 설명될 수 있다. 순수한 물이 두 개의 상인 액상과 기상으로 공존할 수 있는 온도와 압력은 많이 존재한다. 제11장의 그림 8과 같은 물의 증기압 곡선으로부터 알 수 있듯이, 물의 삼중점(0.01℃, 0.006 bar)과 임계점(374℃, 221 bar) 사이에 있는 증기압 곡선상의 온도와 압력하에서 물은 두 개의 상으로 공존한다. 예를 들어 물의 온도가 50℃인 경우 두 개의 상이 존재하는 압력은 0.12 bar가 되며, 100℃인 경우는 1 bar, 그리고 150℃의 경우에는 4.7 bar가 된다(이 온도와 압력은 모두 물의 증기압 곡선 위에 존재하는 값들이다). 여기서 할 수 있는 질문은 물의 온도가 100℃인 경우 1 bar가 아닌 다른 압력에서도 두 개의 상으로 공존할 수 있는가 하는 것이다. 대답은 '불가능하다'이다. 물의 온도가 100℃일 때, 압력이 1 bar보다 높으면 모두 액상, 1 bar보다 낮으면 모두 기상으로만 존재한다. 그러므로 온도가 100℃인 경우, 물이 두 개의 상으로 존재하기 위해서는 1 bar라는 고정된 압력하에만 있어야지 그렇지 않으면 두 개의 상으로 존재하지 않는다. 만일 온도가 150℃인 경우라면, 압력은 반드시 4.7 bar가 되어야지 두 개의 상으로 존재한다. 이와 같이 물이 두 개의 상으로 존재하는 상태가 유지되려면, 온도가 임의로 주어졌을 때 압력은 그에 따라 자동적으로 결정된다. 여기서 온도는 독립적으로 변화할 수 있는 변수이고, 압력은 그에 따라 종속적으로 정해지는 변수가 된다.

이때 독립적으로 혹은 다른 말로 자유롭게 변화시킬 수 있는 변수의 개수를 자유도degree of freedom라고 한다. 위의 예에서 물이 두 개의 상으로 존재하는 경우에 독립적으로 변화시킬 수 있는 변수는 온도이며, 따라서 한 개의 변수(온도)가 정해지면 나머지 변수(압력)는 자동적으로 결정되는 것이다. 즉 순수한 물이 두 개의 상으로 존재하는 경우 자유도는 1이 된다. 자유도를 다른 말로 표현하면 주어진 상의 개수를 바꾸지 않으면서 독립적으로 변화시킬 수 있는 변수의 수를 말한다.

순수한 물이 한 개의 상으로 존재하는 경우를 생각해 보자. 물이 액상이든 기상이든 한 상으로만 존재할 때는, 상을 한 상으로 유지시키면서 온도와 압력 두 변수를 모두 독립적으로 변화시킬 수 있다. 예를 들어 온도가 25℃인 물은 대기압, 즉 압력이 1 bar일 때 액상으로 존재하며, 압력이 2 bar가 되어도 또한 액상으로 존재한다. 그리고 다시 온도를 10℃로 바꾸어도 여전히 액상으로 존재한다. 다시 말해 25℃인 물이 한 개의 상으로 존재하기 위하여 반드시 압력이 하나의 정해진 값으로 유지되어야 하는 것은 아니다. 또한 온도가 임의로 변화해도 상의 수는 변하지 않는다는 것이다. 즉 온도와 압력이 제각기 자유롭게 변해도 물은 한 개의 상으로 유지된다. 이때 자유롭게 변화할 수 있는 변수의 개수는 온도와 압력 두 개가 되며, 따라서 순수한 물이 한 개의 상으로 존재하는 경우 자유도는 2가 되는 것이다.

이상과 같이 물질이 단일상 혹은 다수의 상으로 존재하고 있는 상태에서, 그 상의 수를 변화시키지 않고 독립적으로 변화될 수 있는 변수의 수를 구하는 법칙이 상률이다. 상률을 식으로 나타내면 다음과 같다.

$$F = 2 - \pi + N \tag{4}$$

여기서 F는 자유도, π는 상의 수, N은 성분의 수를 나타낸다. 이 식에 대한 유도는 여러 열역학 교재에서 쉽게 찾을 수 있다. 전술한 물에 대한 예와 같이 순수한 물질인 경우 N은 1이 되고, 이성분 혼합물인 경우 N은 2가 된다. 또한 액상의 물과 같이 단일상인 경우 π는 1이 되며, 물이 기-액 평형에 있을 때 π는 2가 된다. 상률이 적용되는 예를 들면 다음과 같다. 먼저 순수한 물이 삼중점, 즉 온도 0.01℃, 압력 0.006 bar에 있으면 물은 고체, 액체, 기체 세 개의 상으로 존재하게 된다. 이때 π는 3, N은 1이 되어 자유도 F는 0이 된다. 자유도가 0이라는 것은 독립적으로 변할 수 있는 변수가 없다는 것이다. 즉 물이 고체, 액체, 기체 세 개의 상으로 존재할 수 있는 온도와 압력은 0.01℃, 0.006 bar로 고정되어 있으며, 그 이외의 다른 온도나 압력에서는 순수한 물이 세 개의 상으로 존재하는 일이 일어나지 않는다는 것이다.

다음에는 물과 같이 순수한 상태가 아닌 혼합물에 대하여 상률이 적용되는 경우를 생각해 보자. 순수한 물질의 경우, 상이 단일상 혹은 두 개의 상으로 존재할지 결정하는 변수는 온도와 압력뿐이지만 혼합물인 경우에는 하나의 변수가 더 추가되는데 그것은 혼합물의 조성이다. 즉 일정한 온도와 압력하에서도 혼합물의 조성에 따라 상이 단일상 혹은 두 개의 상으로 존재할 수 있다. 예를 들어 물과 아세톤의 혼합물을 생각해 보자. 이 두 액체 성분은 상온·상압하에서는 서로 잘 섞여 어떤 비율로 혼합하든지 한 개의 상으로 존재한다. 반면 이 혼합물이 온도 65℃, 압력 1 bar에 있다고 할 때, 만일 이 혼합물의 조성이 몰 퍼센트로 아세톤 10%, 물 90%라면 액상으로 존재하게 되고, 조성이 아세톤 90%, 물 10%라면 기상으로 존재하게 된다. 그리고 조성이 아세톤 50%, 물 50%라면 기상과 액상이 공존하는 두 개의 상으로 존재하게 된다. 이와 같이 혼합물의 조성은 온도, 압력과 더불어 상의 수를 결정하는 또 하나의 변수가 된다.

물과 아세톤의 혼합물에 상률을 적용시켜 보자. 이 혼합물이 단일상으로 존재할 경우, 식 (4)에서 π는 1, N은 2가 되어 자유도 F는 3이 된다. 즉 이 혼합물을 액상 혹은 기상의 단일상으로 유지하면서 동시에 독립적으로 변화시킬 수 있는 변수는 세 개이며 이것은 온도, 압력, 조성이라는 것이다. 조성이 독립변수라는 사실을 다시 한번 설명하면, 일정한 온도와 압력하에서 아세톤과 물의 혼합 비율이 변하여도 이 혼합물은 여전히 단일상으로 존재할 수 있다는 것이다.

물과 아세톤 혼합물이 기상과 액상 두 개의 상으로 존재하는 경우를 생각해 보자. 두 개의 상이 공존할 때 온도와 압력은 두 상에서 모두 같게 된다. 그러므로 두 상의 온도와 압력을 따로 고려하지 않아도 된다. 다시 말해 기상의 온도와 액상의 온도를 구별하여 사용하지 않고, 압력도 기상의 압력과 액상의 압력을 따로 구별하여 사용하지 않는다. 그러나 조성은 기상과 액상에서 다른 값을 가진다. 제28장의 그림 19와 같이 두 상이 공존할 때는 기상의 조성과 액상의 조성이 같지 않으며, 따라서 이 두 조성값을 별개의 변수로 사용해야 한다. 그러므로 혼합물의 기상과 액상이 공존할 때의 변수는 온도, 압력, 기상의 조성, 그리고 액상의 조성이 된다. 물과 아세톤 혼합물이 기-액 평형에 존재하는 경우, 상률을 적용시켜보면 π는 2, N은 2가 되어 자유도 F는 2가 된다. 즉 네 개의 변수인 온도, 압력, 기상의 조성, 액상의 조성 중 두 개의 변수만 독립적으로 바꿀 수 있고 나머지는 종속적으로 결정된다는 것이다. 예를 들어 온도, 압력이 정해지면 기상과 액상의 조성이 모두 그에 따라서 결정된다는 것이다. 전술한 바 있는 물과 벤젠의 혼합물 그리고 물과 페놀의 혼합물과 같이 두 개의 액상을 이루는 경우도 마찬가지로 자유도는 2가 되며, 따라서 온도와 압력이 고정되면 두 상에서 각 성분의 조성은 자동적으로 결정된다.

이와 같이 상률은 공존하는 상의 수와 성분의 수, 그리고 온도, 압력,

조성과 같은 열역학적 변수들의 상관관계를 나타내는 규칙이다. 그러므로 상률은 특히 다성분계 혼합물이 여러 개의 상을 이루고 있을 때 온도, 압력과 같은 공정변수와 각 상의 조성에 대한 관계를 규정하는 데 유용하게 사용된다.

엔탈피

엔탈피는 열역학에서뿐만 아니라 공학 및 자연과학의 제반분야에서 가장 널리 사용되는 개념 중의 하나이다. 그러나 우리는 엔탈피라는 도구를 늘 사용하지만, 그 개념을 뚜렷하게 파악하지 못하고 있는 것이 사실이다. 그 이유 중의 하나는 엔탈피라는 말이 보통 한글화되지 않고 그 단어의 뜻을 정확히 풀어서 표현하지 않았기 때문이다. 엔탈피enthalpy는 그리스어에서 유래된 말로 *en*과 *thalpo*의 합성어이다. 접두사 *en*은 '안, 속'이란 뜻이며, *thalpo*는 '가열하다' 혹은 '따뜻하게 하다'의 뜻을 가지고 있다. 그러므로 엔탈피의 단어적 의미는 '안을 따뜻하게 하는 것'이라는 말이며, 이는 곧 물질의 내부에 포함되어 있는 열을 의미한다. 그러므로 과거에는 엔탈피를 다른 말로 열함량heat content이라고도 불렀다. 그러나 열함량이란 말은 단어 자체에 어패가 있어 더 이상 사용하지 않는다. 왜냐하면 제5장에서 설명했듯이 열은 이동하는 에너지 형태이지 저장되어 어떤 곳에 함유되어 있는 대상이 아니기 때문이다.

엔탈피 개념이 만들어지게 된 동기는 근본적으로 열의 이동과 상태변화에 따른 물질의 에너지 변화를 나타내기 위함이다. 열역학적 개념은 자연현상을 설명하기 위한 도구의 역할을 하며, 한 개의 도구를 사용하여 어떤 현상에 대한 설명이 불편해질 때 다른 형태의 도구를 만들 수 있다. 그러므로 열의 이동과 상태변화에 따른 물질의 에너지 변화에 대한 설명을 내부에너지의 개념을 사용하여 설명할 수 있지만, 그보다 더 사용하기 편리한 또 다른 도구인 엔탈피라는 물리량을 정의하게 되었다. 우리는 열역학에서 엔탈피라는 개념이 정의되었다는 사실에서 바로 열역학이란 이름의 본질적 의미를 되새길 수 있다. 다시 말해 열역학의 중심된 내용은 열과 역학과의 관계, 즉 열의 이동에 따른 역학적 에너지 변화의 상관관계를 규명하는 것이다. 이를 위해서는 열에너지와 역학적 에너지의 개념을 모두 포함하고 있는, 즉 물질이 보유하고 있는 열에너지와 그 물질이 일을 수행할 수 있는 능력인 기계적 에너지를 모두 포함한 하나의 에너지 개념이 필요하게 되었다. 그 에너지가 바로 엔탈피이다. 주어진 공간에 갇혀 있는 액체나 기체상태로 존재하는 물질에 열이 전달될 경우, 물질이 보유하는 내부에너지가 변화될 것이며, 또한 그 물질이 외부로 기계적인 일을 수행할 수 있는 역학적 에너지도 변화될 것이다. 다시 말해 물질의 '내부에너지와 역학적 에너지'가 동시에 변화된다라는 말을 한마디로 줄여서 표현하면, 물질의 '엔탈피'가 변화된다고 표현할 수 있다.

엔탈피란 물질의 열에너지와 기계적 에너지를 합쳐서 나타내는 물질의 '총괄에너지' 개념이다. 열역학에서는 주로 액체나 기체상태로 존재하는 물질을 다루는데, 물질의 기계적 에너지는 물질이 외부에 일을 할 수 있는 능력을 나타내며, 일의 정의에 따라 그 물질의 압력 P와 부피 V의 곱으로 표시된다. 그러므로 내부에너지를 U라고 할 때 엔탈피 H의 정의는 다음과 같이 된다.

$$H = U + PV \tag{5}$$

엔탈피의 정의가 만들어진 근원은 열역학 제1법칙에서 찾을 수 있다. 식 (3)으로 표현되는 열역학 제1법칙은 주어진 계에 열과 일이 전달될 때 계를 구성하는 물질의 내부에너지의 변화를 나타낸다. 이 관계식을 열역학에서 가장 관심의 대상이 되는 그림 6과 같은 피스톤과 실린더로 구성된 동력 생성 장치에 적용해 보면 엔탈피의 의미를 더 잘 알 수 있다.

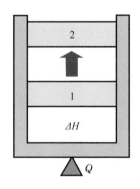

그림 6 엔탈피의 변화

그림에서와 같이 실린더 내에 포함된 기체에 일정량의 열이 가해져서 피스톤이 위치 1에서 위치 2로 상승했다고 하자. 이때 가해지는 열의 양을 Q, 피스톤이 외부로 행한 일을 W, 기체의 내부에너지 변화를 $U_2 - U_1$이라 했을 때, 열역학 제1법칙의 식은 다음과 같이 된다.

$$Q = (U_2 - U_1) + W \tag{6}$$

여기서 일 W는 식 (3)의 유도 과정과는 달리 계에 가해지는 것이 아니라 계에 의해 행해지므로 그 부호가 반대이다. 한편 외부에서 피스톤으로 미치는 압력은 일정하므로, 피스톤이 외부로 행한 일은 압력 P와 실린더의 부피변화인 $V_2 - V_1$의 곱과 같다.

$$Q = (U_2 - U_1) + P(V_2 - V_1)$$

이 식에서 압력 P는 일정하지만, 위치 1과 위치 2에서의 압력 P_1과 P_2로 각각 나누어 쓰면 다음과 같다.

$$Q = (U_2 - U_1) + (P_2 V_2 - P_1 V_1)$$
$$= (U_2 + P_2 V_2) - (U_1 + P_1 V_1)$$

이 식과 엔탈피의 정의식인 식 (5)를 비교해 보면 다음과 같이 된다.

$$Q = H_2 - H_1 = \Delta H \tag{7}$$

결과적으로 계에 전달된 열량은 모두 계의 엔탈피를 변화시키는 데 사용되었다는 말이 된다. 다시 말해 외부로부터 계에 열이 가해져서 계의 내부에너지, 압력, 부피가 한꺼번에 변화했을 때, 그 변화하는 모든 물성을 하나의 변수로 나타낸 것이 바로 엔탈피이다.

지금까지는 그림 6의 장치에서 열이 가해지면서 피스톤이 상승하여 부피가 증가하는 반면, 계의 압력은 일정하게 유지되는 등압과정을 설명하였다. 한편 같은 장치에서 일어날 수 있는 또 하나의 경우는, 열이 가해지면서 피스톤이 상승하지 않아 부피는 일정하게 유지되는 반면 계의 압력이 증가하는 등용과정을 들 수 있다. 이때는 기체의 압력이 증가하지만 계의 부피가 일정하기 때문에 외부로 해주는 일이 없게 되며, 따라서 계의 역학적 에너지의 변화는 없다. 그러므로 식 (5)의 W항이 없어져서 결과적으로 계에 전달된 열량은 모두 기체의 내부에너지의 변화에만 사용되며, 결국 기체의 내부에너지가 전달된 열량만큼 증가하게 된다.

이상의 두 경우를 정리하면 엔탈피의 개념을 되새길 수 있다. 일정 부피의 기체에 열이 전달되었을 때, 그 기체의 부피가 일정하게 유지되어 외부로 해주는 일이 없는 등용과정일 때는 전달된 열량만큼 기체의 '내부에너지'가 증가하게 된다. 반면 열이 전달되면서 동시에 기체의 부피가 증가하여 외부로 일을 해주게 되는 등압과정일 때는 전달된 열량만큼 기체의 '엔탈피'가 증가하게 되는 것이다.

물론 엔탈피는 내부에너지의 개념으로부터 만들어졌다. 제6장에서 설명한 바와 같이 물질의 내부에너지 값은 이미 존재해 있는 것이 아니라, 인위적으로 부여된 값을 기준으로 하여 상대적으로 결정하게 된다. 엔탈피의 값도 마찬가지다. 물질의 엔탈피는 특정 조건에서 임의로 설정된 값을 기준으로 하여 상대적으로 그 값이 결정된다. 예를 들어 순수한 물의 경우, 물의 삼중점인 온도 0.01℃, 압력 0.006 bar에서 액체로 존재하는 물의 엔탈피가 0.0 J/g의 값을 갖도록 약속하였다. 그리고 물의 온도와 압력이 변화하면, 물의 엔탈피 값은 삼중점에서의 값인 0.0 J/g을 기준으로 하여 그 점에서부터의 변화량을 계산하여 결정하게 된다. 즉 특정 온도, 압력에서 물의 엔탈피 절댓값 H는 결국 0.0 J/g에서부터의 변화량인 ΔH, 즉 ($H - 0.0$)이 된다.

이와 같이 엔탈피 값을 결정한다는 것은 임의의 온도와 압력에서의 엔탈피를 일정한 값으로 약속한 다음, 그 값을 기준으로 조건의 변화에 따른 엔탈피의 변화량을 계산하는 것과 같다. 즉 엔탈피 절댓값은 큰 의미가 없으며, 그 변화량을 계산하는 것이 중요하다. 엔탈피의 변화량을 계산한다는 것은 한마디로 열의 이동에 따른 물질이 보유하는 총괄에너지의 변화를 구하는 것으로, 이것이 바로 열역학에서 수행해야 하는 가장 중요한 계산 중 하나이다. 한편, 이 계산을 수행하기 위해서는 우리가 알아야 하는 또 한 가지의 개념이 있는데, 그것이 바로 열용량이다. 다음 장에서 설명할 열용량은 지금까지 다분히 직관적으로만 생각되었던 내부에너지와 엔탈피의 개념을 구체적인 열역학 계산에 사용하게 해주는 실용적인 개념이다.

Chapter

10

열용량

열용량에 대한 개념이 생겨난 것은 온도계의 발명과 밀접한 관계가 있다. 그러므로 먼저 온도계의 역사에 대하여 간단히 살펴보기로 하자.

인간이 사용한 최초의 온도계는 1610년경 갈릴레오 갈릴레이가 제작하였다고 알려져 있다. 그 후로 온도계의 유형에는 많은 변화가 있었지만, 1714년 파렌하이트D. G. Fahrenheit는 현재 우리가 사용하는 것과 같이 유리관 속에 수은이 든 온도계를 최초로 사용하였다. 그는 온도계의 가장 낮은 점을 물, 얼음, 암모늄 혼합물의 온도가 도달하는 점으로 잡고, 그 값은 0도로 표시하였다. 또한 가장 높은 점을 건강한 사람의 체온으로 잡고 그 값을 96도로 표시하였다. 1742년 셀시우스A. Celsius는 물의 빙점을 0도로, 물의 비등점을 100도로 표시하는 눈금을 가진 온도계를 사용하였다. 이 두 온도 눈금은 오늘날의 화씨와 섭씨 온도계의 기본이 되었다.

여기서 그 당시부터 사용되어 온 온도계라는 단어가 가진 의미를 되새길 필요가 있다. 온도계는 영어로 thermometer, 즉 열thermo의 양을 측정하는 기기meter란 뜻을 가진다. 다시 말해 그 당시 사람들은 온도계 눈금에 표시되는 수치가 현재 우리가 사용하고 있는 온도의 개념이 아닌 물체에 포함되어 있는 열의 양이라고 생각하였던 것이다. 그때는 열소이론이 정설로 받아들여졌던 터라, 온도계로 측정하는 것을 물체 내에 들어 있는 열소의 양으로 간주하였다. 다시 말해 온도와 열량의 개념을 구분 없이 사용하였던 것이다. 예를 들어 같은 질량을 가진 두 개의 서로 다른 물체를 온도계로 측정하여 그 눈금값이 같으면 두 물체가 가진 열량은 모두 같다고 생각하였다.

그러나 물체의 온도가 몇 도라는 것과 그 물체가 가지고 있는 열량이 얼마라는 것은 엄연히 다르다. 서로 다른 물질로 만들어진 두 개의 물체가 같은 온도하에 있을 때 두 물체가 가지는 열량, 즉 에너지의 양은 분명히 다르다. 왜냐하면 두 물체의 열용량이 다르기 때문이다. 오래전에는 온도가 같으면 동일한 질량을 가진 모든 종류의 물체가 가지는 열량이 같다고 생각하였으며, 그것은 모든 물체의 열용량이 같다고 간주한 것과 같다. 즉 열소이론을 정설로 받아들이고 온도계가 발명되던 18세기까지만 해도 물질의 열용량이라는 개념이 존재하지 않았던 것이다.

열용량 개념은 여러 사람의 실험을 통해 정립되었는데, 그 중 파렌하이트는 수은과 물을 혼합하는 실험을 통하여 열용량 개념을 도입하였다. 그는 일정량의 차가운 물에 알고 있는 질량과 온도를 가진 뜨거운 물을 혼합한 다음 그 혼합물의 온도를 측정하였다. 또한 그와 별도로 차가운 물에 같은 질량과 온도를 가진 뜨거운 수은을 섞은 다음 그 온도를 측정하였다. 그 결과 혼합물의 온도는 차가운 물에 뜨거운 물을 혼합하였을 때가 뜨거운 수은을 혼합하였을 때보다 높다는 것을 발견하였다. 즉 같은 질량과 온도를 가졌지만 물이 수은보다 많은 열을 포함하고 있다는 사실을 알게 되었고, 따라서 물의 열용량이 수은보다 크다는 것을 밝혀내었다. 그 당시 연구자들은 주로 물을 사용하여 많은 실험을 했기 때문에, 물 이외의 물질에 대한 열용량을 항상 물과 비교하여 나타내었다. 즉 어떤 물질의 온도를 올리는 데 필요한 열량을 같은 양의 물을 같은 온도로 올리는 데 필요한 열량과 '비교'하여 나타내었다. 그러므로 비열specific heat이란 단어가 사용되었는데, 결국 오늘날 비열과 열용량은 같은 의미로 사용되고 있다.

열용량heat capacity이란 단어는 1765년 조세프 블랙Joseph Black에 의해 최초로 사용되었다. 그는 온도가 같은 물체라도 서로 다른 양의 열을 지니고 있다는 사실을 알았고, 온도와 열량을 구별하여 사용하기 시작하였다. 그러나 물체가 지니는 열의 양을 표현하기 위하여 열의 용량capacity이란 단어를 사용한 점을 보더라도, 그때까지 열이라는 것을 어떤 양을 가진 물질로 간주하는 열소이론을 믿고 있었다는 것을 알 수 있다. 즉 물체가 물질의 일종인 열을 얼마나 수용할 수 있는가 하는 수용력을 나타낸다는 뜻에서 열용량이란 이름을 사용하였다. 다시 말해 열용량이란 말은 열이 어떤 부피를 가졌다는 뜻을 내포하고 있는 것이다. 그 이후로 물체의 온도는 물체를 구성하는 원자나 분자가 가지고 있는 위치, 운동에너지 등을 나타내고, 물체가 지닌 열은 그 에너지의 크기라는 사실이 밝혀지면서 열용량이란 단어에 어패가 있다는 사실을 알았지만, 오늘날까지 이 단어는 그대로 사용되고 있다.

열용량은 물질이 에너지를 보유할 수 있는 능력을 나타내는 물질의 고유성질이다. 또한 실험적으로 측정할 수 있는 물리량이라는 점에서 열용량은 실질적인 열역학 계산에서 직접 사용된다. 우리는 비교적 열용량의 개념을 쉽게 이해하고 있다. 가령 물 1 g의 온도를 1℃ 올리는 데 필요한 열량은 1 cal이며, 이때 물의 열용량은 1 cal/g℃라는 사실에 익숙해 있다. 그러나 실제 열용량 개념은 그렇게 간단하지만은 않다. 열용량은 물질의 밀도나 점도와 같이 그 물질의 고유 특성이다. 그러므로 밀도나 점도 같은 물성이 물질의 온도나 압력과 같은 조건에 따라 변화하듯이, 열용량도 마찬가지로 온도와 압력 같은 물질의 상태에 따라 변화한다. 따라서 물의 열용량이 1 cal/g℃라 할 때는 그 값이 특정한 온도 범위에서의 평균 열용량 값이라는 뜻이다. 주어진 물질에 열량 Q가 전달되어 물질의 온도변화 ΔT가 유발되었을 때, 그 물질의 열용량 C는 다음과 같이 정의된다.

$$C = \frac{Q}{\Delta T} \tag{8}$$

식 (8)은 어떤 물질에 일정량의 열을 가했을 때, 그 물질의 온도변화는 열용량에 반비례한다는 것을 말해준다. 여기서 다음과 같은 경우를 생각해 보자. 만일 동일한 질량의 A라는 물질이 두 용기에 담겨 있고, 두 용기의 온도는 각각 10℃와 50℃에 있다고 하자. 이때 두 용기에 담겨 있는 물질의 온도를 각각 1℃씩 올려 그 온도를 11℃와 51℃로 만들고자 한다. 이때 두 용기에 가해 주어야 하는 열량은 같은가 아니면 틀린가. 그 대답은 '틀리다'이다. 왜냐하면 물질의 열용량은 온도에 따라 달라지며, 따라서 두 경우 식 (8)에서 ΔT는 같지만 C의 값이 다르기 때문이다. 이와 같이 열용량은 물질의 종류에 따라 달라지며, 또한 같은 물질이 어떤 상태에 있느냐에 따라서도 달라진다. 그리고 이와 함께 알아야 되는 또 한 가지 사실이 있는데, 그것은 물질에 열이 전달되는 과정에 따라서도 열용량이 변화한다는 것이다.

물질에 열이 전달되는 과정은 등용과정과 등압과정 두 가지로 나뉜다. 그림 7과 같이 동일한 양의 기체가 피스톤과 실린더로 구성된 공간에 갇혀 있고, 그 기체로 열이 전달되는 두 가지 경우를 생각해 보자. 하나는 피스톤을 고정시켜 기체의 전체부피를 일정하게 유지하는 경우(등용과정)이며, 다른 하나는 피스톤을 자유로이 움직이게 만들어 기체의 압력을 일정하게 유지하는 경우(등압과정)이다. 기체에 열이 전달되면 등용과정에서는 부피가 일정한 반면 갇혀 있는 기체의 압력이 증가할 것이며, 온도는 ΔT_V만큼 상승할 것이다. 반면 등압과정에서는 기체에 미치는 압력이 일정하게 유지되는 반면 그 부피는 증가하며, 온도는 ΔT_P만큼 상승할 것이다. 이 두 가지의 경우에 동일한 열이 전달되었을 때, 어느 과정에서 기체의 온도변화가 커지겠는가를 생각해 보자. 그 대답은 $\Delta T_V > \Delta T_P$이다. 이것은 상식적으로 생각해도, 열이 전달되면서 부피가 늘어나고 압력이 일정한 경우(등압과정)보다 밀폐된 공간에 열이 가해져 압력이 증가할 때(등용과정)의 온도가 더욱 상승할 것이다. 그러므로 동일한 물질에 같은 양의 열이 전달되어도 도달하는 온도는 다르게 되며, 따라서 식 (8)에 의

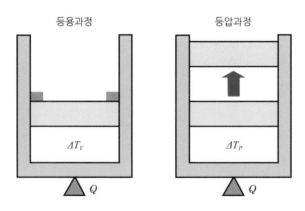

그림 7 등용과정과 등압과정의 온도변화

하면 두 경우의 열용량은 서로 다르게 된다. 또한 등용과정일 때가 등압과정일 때보다 온도변화가 더욱 커지므로, 열용량의 정의에 의해 등압과정일 때의 열용량이 더 커지게 된다.

이와 같이 물질의 열용량은 열이 전달되는 과정인 등용과정과 등압과정에 따라 다르며, 이 경우에 물질이 갖는 열용량을 각각 등용열용량 C_V, 등압열용량 C_P라 한다. 제9장의 엔탈피에 대한 설명에서, 등용과정에서는 전달된 열량이 기체의 내부에너지 변화량과 같고, 등압과정에서는 기체의 엔탈피 변화량과 같다고 하였다. 이 사실과 식 (8)의 열용량 정의에서부터 두 개의 열용량에 대한 표현은 각각 다음과 같이 된다.

$$C_V = \left(\frac{dU}{dT} \right)_V \tag{9}$$

$$C_P = \left(\frac{dH}{dT} \right)_P \tag{10}$$

이와 같은 열용량의 정의로부터 내부에너지와 엔탈피의 값을 직접 계산할 수 있다. 예를 들어 물질의 온도변화에 따른 엔탈피의 변화는 식 (10)에 의해 다음과 같이 된다.

$$\Delta H = \int C_P dT \tag{11}$$

이 식은 간단한 식이지만 열역학에서는 매우 중요한 의미를 가진다. 앞서 설명한 바와 같이 내부에너지와 엔탈피는 일종의 개념적인 물리량이며, 그 값은 항상 상대적으로만 정해진다고 하였다. 그리고 어떤 조건하에서 내부에너지와 엔탈피의 값은 미리 존재하는 것이 아니라 임의로 부여되며, 따라서 중요한 것은 그 절댓값이 아니라 변화량이라고 하였다. 이 같은 물질의 엔탈피 변화량 계산을 가능하게 해주는 유일한 물성이 바로 열용량이다. 다시 말해 열용량은 개념적 물리량인 내부에너지와 엔탈피를 구체적인 수치로 바꾸어주는 매개 역할을 한다고 할 수 있다.

열용량에 대한 한 가지 흥미로운 사실은 물질의 상변화가 일어날 때 그 물질의 열용량은 무한대가 된다는 것이다. 예를 들어 100℃의 물이 기화하여 100℃의 증기가 되는 과정을 생각해 보자. 물질에 열량이 가해지므로 열용량의 정의식인 식 (8)에서 Q는 일정한 값을 가지는 반면 온도변화 ΔT는 0이 된다. 즉 C의 값이 무한대가 되는 것이다. 이 같은 사실은 물질이 안정 혹은 불안정한 상태에 있는가를 판단하는 기준으로 사용되기도 한다. 즉 물질의 상이 변화한다는 것은 물질이 불안정한 상태를 탈피하여 안정된 상태로 가는 과정을 의미하며, 따라서 열용량이 무한대로 발산한다는 것은 물질이 안정하지 못한 상태에 있음을 나타낸다. 물질의 안정성에 대해서는 제30장에서 설명하겠다.

열용량 개념이 열역학에서 매우 중요한 비중을 차지하는 이유는 물질의 엔탈피에 대한 개념을 현실적인 계산으로 구체화시키기 때문이다. 열역학의 중요한 과제 중의 하나는 물질이 보유하고 있는 에너지를 구하고, 또한 물질에 어떤 변화가 일어났을 때 외부로 발휘할 수 있는 에너지를 계산하는 것이다. 기계공학적으로 말하면 증기와 같은 물질의 상태를 변화시켜 기관을 통해 얼마만큼의 동력을 얻는가를 계산하는 것이다. 이 계산은 물질의 엔탈피 변화량을 구함으로써 이루어진다. 물질이 보유한 에너지 계산에서는 엔탈피의 절대량이 아니라 엔탈피 변화량이 계산되어야 하며, 그 변화량 ΔH의 계산을 가능하게 하는 물리량이 바로 열용량이다. 즉 일종의 개념으로서만 존재하는 내부에너지와 엔탈피를 구체적인 계산을 통해 정량화시키는 데 필요한 개념이 열용량인 것이다. 더불어 식 (11)을 사용한 엔탈피 변화량 계산의 의미는, 직접 측정할 수 있는 온도의 변화량으로부터 엔탈피 변화량을 직접 계산한다는 것이다. 그러므로 물질의 열용량에 대한 정보를 구하는 일은 열역학에서 가장 기본적인 과제 중의 하나이다. 그러나 실제적으로 존재하는 수많은 물질의 열용량과 그에 대한 온도 의존성을 표현하는 것은 매우 어려운 과제이다. 그러므로 이 같은 계산을 간단히 정립하기 위해 고안된 개념이 바로 제15장에서 설명될 이상기체 열용량이다.

Chapter 11

증기압

증기압이란 무엇인가. 글자 그대로 물질의 증기vapor가 발휘하는 압력이다. 그러므로 지구상에서 존재하는 다양한 물질 중 증기상태로 존재할 수 있는 물질들은 모두 일정한 값의 증기압을 가진다. 그러므로 극단적인 조건을 제외한 일반적으로 사용되는 온도, 압력의 조건하에서 증기상태로 존재하지 않는, 즉 기화하지 않는 물질의 증기압은 존재하지 않으며, 굳이 그 값을 말하자면 증기압이 0이 되는 것이다. 그러나 우리가 접하는 고체나 액체로 존재하는 많은 물질들은 높은 온도나 낮은 압력에서 어느 정도 기화하는 것이 사실이며, 특히 열역학에서 취급하는 대부분의 유기물질들은 기체나 액체상태로 존재하기 때문에 각각 고유의 증기압을 가진다. 증기압의 크기는 물질의 휘발도를 나타내는 척도이며, 일정한 온도에서 증기압이 크다는 것은 기체상으로 되려고 하는 경향, 즉 휘발도가 크다는 것을 의미한다. 예를 들어 20℃에 있는 에탄올, 물, 페놀을 생각해 보자. 이 물질들의 증기압은 이 온도에서 각각 0.06, 0.02, 0.0005 bar이며, 이때 우리는 증기압이 큰 물질일수록 휘발도가 크다고 말한다. 즉 이 세 물질 중 에탄올의 증기압이 제일 크며, 그것은 에탄올의 휘발성이 제일 강하다는 것을 의미한다. 페놀은 20℃에서는 고체상태로 존재하지만, 이 온도에서도 소량 기화하며 그 증기압은 다른 액체 성분에 비해 매우 작다.

물질의 증기압을 측정하는 방법을 생각해 보자. 온도와 압력을 측정할 수 있는 실린더에 순수한 상태의 물질을 일부만 채우고 밀폐한 다음, 온도를 변화시키면서 실린더 내의 압력을 측정하면, 그때의 압력이 이 물질의 증기압이 된다. 여기서 주의할 것은 실린더 내에는 공기가 전혀 포함되지 않는 정말 순수한 상태의 물질만이 투입되어야 한다는 것이다. 예를 들어 순수한 물을 밀폐된 실린더에 투입하고 온도의 변화에 따라 압력을 측정한다고 하자. 그때의 온도와 압력의 관계는 그림 8과 같이 된다. 이 그림의 종축에 나타나는 압력이 바로 물의 증기압이다. 먼저 실린더의 온도가 영하이면 물은 고체상태로만 존재하지만, 온도가 0℃로 유지되면 얼음과 액상의 물이 공존하게 된다. 엄격히 말하면 물의 삼중점인 0.01℃에서 물

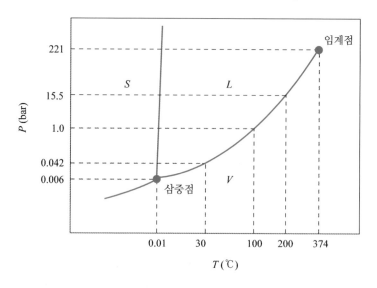

그림 8 물의 온도와 증기압

은 고체, 액체, 기체 세 개의 상으로 공존하는 상태가 된다. 이때 기체상이 발휘하는 압력이 이 온도에서의 증기압이 되며 그 값은 0.006 bar이다. 여기서 온도가 증가하여 30℃가 되면 물의 증기압은 0.042 bar가 된다. 이 압력은 대기압인 1 bar보다 낮은 압력이다. 즉 30℃ 물의 증기압이 대기압보다 낮다는 것을 바꾸어 말하면, 30℃에 있는 물은 대기압하에서는 항상 액체상태로만 존재한다는 말이 된다. 또한 30℃의 물이 그때의 증기압인 0.042 bar보다 낮은 압력하에 있다면, 이 물은 모두 기체상태로 존재하게 된다는 것이다.

물의 온도가 100℃에 도달하면 물의 증기압이 대기압과 같은 1 bar가 된다. 100℃에서 물의 증기압이 대기압과 같다는 것은 대기 중에 있는 물은 100℃에서 비등한다는 말과 같다. 물의 온도가 증가하여 200℃가 되면 실린더 내의 압력은 15.5 bar가 되며, 이 압력이 200℃에서 물의 증기압이다. 증기압이 15.5 bar라는 것은, 200℃에서의 물이 15.5 bar보다 높은 압력하에 있으면 물은 200℃에서도 모두 액체상태로 존재한다는 것을 뜻한다.

또한 물이 15.5 bar보다 낮은 압력하에 있으면 200℃의 물은 모두 기체상태로 존재하게 되는 것이다. 이와 같이 물질의 증기압은 단순히 물질의 분자가 기체상태로 휘발하려고 하는 경향을 뜻하는 것일 뿐만 아니라, 물질이 기체 혹은 액체상태로 존재하는 경계점을 나타내는 변수로 이해되어야 할 것이다.

증기압은 순수한 물질의 상변화가 일어나는 경계를 규정해 주는 척도이다. 한편 어떤 물질이 상변화가 일어나지 않는 조건에 있다면, 이때는 증기압이란 개념이 존재하지 않는다. 이것은 물질이 임계점 이상에 존재하는 경우를 말한다. 예를 들어 물의 온도가 그림 8에 나타난 임계온도(374℃)보다 높은 400℃인 경우를 생각해 보자. 이 온도에서 물은 낮은 압력에서는 기체로 존재하지만, 같은 온도에서 아무리 높은 압력으로 압축해도 액화하지 않는다. 즉 물의 온도가 400℃가 되면 어떤 조건에서도 상변화를 경험하지 않게 된다. 그러므로 실린더 내에 있는 물의 온도가 400℃라면, 그때 실린더 내의 압력이 어떤 압력하에 있더라도 그 압력은 증기압이라 부르지 않는다. 또한 물의 압력이 임계압력(221 bar)보다 높은 압력하에 있다면, 이 물은 아무리 온도를 높여도 기화하지 않으며, 따라서 이 조건에서도 물은 상변화를 경험하지 않게 된다. 그러므로 물이 221 bar보다 높은 압력에 존재하면, 물의 증기압이란 개념이 존재하지 않게 된다. 물질의 임계점에 대해서는 제13장에 자세히 설명되어 있다.

여기서 이산화탄소의 증기압을 생각해 보자. 이산화탄소는 대기 중에서 기체로 존재하는 물질이다. 그러나 대기 중에 있는 이산화탄소를 등온압축하면 액체상태로 만들 수 있다. 이산화탄소의 임계온도는 31.1℃이며, 따라서 이 온도보다 낮은 온도에서는 압축에 의해 이산화탄소를 액화시킬 수 있다. 예를 들어 대기압하의 25℃에 있는 이산화탄소를 생각해 보자. 이 조건에서 이산화탄소는 기체상태이며, 이를 등온압축하여 압력이 64.3 bar에 도달하면 이산화탄소는 액체로 응축하게 된다. 이는 이산화탄소의 증기압이 25℃에서 64.3 bar라는 것이다. 이와 같이 일반적으로 대기 중에 기체로 존재하는 물질의 증기압은 매우 높다. 우리가 생활하는 실내의 조건인 상온·상압하에 있는 물이 액체로 존재하는 이유는 상온에서의 물의 증기압이 대기압보다 낮기 때문이고, 같은 조건에서 이산화탄소가 기체로 존재하는 이유는 이산화탄소의 증기압이 대기압보다 높기 때문이다. 그러므로 증기압이 높은 물질은 기체상태로, 증기압이 낮은 물질은 액체상태로 존재하려는 경향이 크다고 할 수 있다.

증기압은 주어진 물질의 고유 성질이다. 순수한 물질의 증기압은 온도만의 함수이며 일정한 온도에서는 항상 동일한 값을 가진다. 그러므로 순수한 물질의 증기압은 온도를 측정하는 도구로도 사용된다. 예를 들어 밀폐된 용기에 갇힌 순수한 기체의 압력은 온도에 직접 비례하므로, 기체의 압력을 측정함으로써 그때의 온도를 알 수 있는 것이다. 이와 같은 방법은 일반 온도계를 사용하여 온도를 측정하기 곤란한 경우, 온도를 읽기 위한 여러 가지 방법 중의 하나로 실제 현장에서 사용하기도 한다.

물질의 증기압은 분자들이 액체상태, 즉 서로 밀집해 있던 상태로부터 서로 떨어져서 기체화되려는 경향을 나타내는 값이다. 다시 말해 분자들이 인접해 있는 상태로부터 서로 이탈하고자 하는 힘을 의미하기 때문에, 증기압이 크고 작음은 분자 간에 작용하는 인력이 세고 약함을 간접적으로 나타낸다고 하겠다. 증기압에 대한 이러한 사실은 제24장에서 설명할 실제 기체의 퓨가시티에 대한 기본개념을 제공해 준다.

Chapter 12

잠열

잠열은 물질의 상변화가 일어날 때 수반되는 열이다. 가장 널리 알려진 예를 들면 100℃하에 있는 액체상태의 물 1 g이 대기압하에서 증발하여 100℃의 증기로 되는 데 필요한 열이 540 cal이며, 이 열을 잠열 혹은 보이지 않는latent 열이라고 한다. 이 열을 보이지 않는 열이라고 하는 이유는, 물에 열이 가해져도 그 상태만 액체에서 기체로 변화하지 물의 온도는 변하지 않아 겉으로 드러나지 않기 때문이다. 다른 예로는 1 g의 얼음이 녹아 물이 되는 경우, 물의 상태는 고체에서 액체로 변화하며 80 cal의 열을 흡수하지만 그 온도는 변화하지 않는다. 이와 같이 잠열은 기-액 그리고 액-고 간의 상변화가 일어날 때 항상 방출되거나 흡수되는 열이다.

잠열의 개념은 18세기까지만 해도 정립되지 않았다. 당시에 모든 과학자들은 열을 물질의 일종이라고 간주하였고, 온도계를 사용하여 측정한 값이 물질이 가지고 있는 열의 양과 같다고 생각하였다. 그러므로 100℃의 액체물이 증발하여 100℃의 기체상태가 되어도 온도가 변하지 않는다는 사실로부터 두 상태의 물이 지니고 있는 열의 양은 같다고 생각하였다. 즉 잠열이란 개념이 존재하지 않았던 것이다. 잠열에 대한 개념이 성립된 동기는 1748년 윌리엄 컬런William Cullen이 수행한 실험이었다. 그는 진공펌프가 달린 용기에 에테르를 넣은 다음 펌프를 이용하여 용기의 압력을 대기압보다 낮추었다. 그 결과 에테르가 비등한다는 사실을 알았고, 이 비등으로 인하여 용기의 온도가 낮아진다는 사실을 발견하였다. 그는 이 현상을 이용하여 얼음 제조기를 고안하였는데, 그 장치는 물이 든 용기에 진공을 걸어줌으로써 물을 증발시키고, 그때 제거되는 증발열로 인한 냉각효과로 물을 얼게 만드는 것이었다.

잠열의 개념을 실험을 통해 확립한 사람은 조세프 블랙이었다. 그는 온도가 8℃인 방 안에 들어 있는 두 개의 개별 용기에, 같은 질량을 가진 0℃의 얼음과 0.5℃의 물을 투입하였다. 물이 든 용기의 온도는 약 30분 후에 4℃에 도달한 반면 얼음이 든 용기는 얼음이 녹아 물이 된 다음, 그 물의 온도가 4℃에 도달하기까지는 약 10시간 이상이 소요됨을 관찰하였다. 방에서 두 용기로 전달되는 열의 전달 속도는 모두 동일하다고 보면, 같은 온도에 도달하기까지 얼음이 들어 있는 용기로 20배나 되는 열이 더 전달된 것이다. 그는 이 현상에 대해 열이 얼음에 흡수된 다음 얼음이 녹은 물속에 '숨겨져' 있다고 표현하였다. 즉 잠열의 존재를 인식하였던 것이다. 그러나 이러한 발견은 그가 믿고 있었던 열소이론과는 상반되었다. 즉 소멸하거나 변화하지 않는 열소라는 물질이 물체에 숨겨질 수 있다는 사실이 설명되지 못했던 것이다. 따라서 열의 본질은 열소가 아닌 입자, 즉 분자나 원자의 운동으로 해석되어야 한다는 주장이 설득력을 얻게 되었다.

열의 본질을 입자의 운동으로 간주했다는 것은 현재 우리가 사용하고 있는 열에 대한 정의와 유사하다. 이 이론에 의하면 물질을 구성하는 입자들은 끊임없이 일정한 속도로 운동하고, 이 입자들 사이에는 항상 인력이 존재하고 있다는 것이다. 만일 물질에 열이 전달된다면 이 열은 입자들의 행동에 다음과 같은 두 가지 형태로 영향을 주게 된다. 첫째는 입자가 움직이는 속도를 증가시켜 입자의 운동에너지를 증가시킬 것이고, 둘째는 입자의 운동속도에는 관계없이 입자 간의 간격만 크게 하여 입자의 위치에너지를 증가시키게 될 것이다. 다시 말해 두 입자 간에 인력이 존재하는 상태에서 입자 사이의 거리가 멀어지면, 개별 입자의 에너지는 그 입자에 미치는 인력 때문에 증가하게 된다. 위의 두 경우 중 입자의 운동에너지가 증가하는 현상이 일어나면 물질의 온도가 증가하게 되는데, 이때 전달된 열을 현열sensible heat, 즉 온도계로 감지sense할 수 있는 열이라 부른다. 만일 입자의 운동에너지는 변함이 없이 위치에너지만 증가하는 현상이 일어나면 입자의 간격이 넓어지는, 즉 액체에서 기체로 되는 상변화가 일어나며, 온도는 변화하지 않게 된다. 블랙은 이 열을 온도계를 사용하여 발견할 수 없는 열, 즉 잠열이라고 불렀다.

이와 같이 잠열이 물질로 전달되면 그 물질의 분자 간격이 넓어져 개별 분자들의 위치에너지가 증가하게 된다. 그러므로 잠열의 크기는 상변화를 통해 분자의 간격이 얼마나 넓어지느냐에 달려 있게 된다. 그 좋은 예가 위에서 설명한 물의 증발열(540 cal/g)과 용융열(80 cal/g)이다. 물의 증발열이 용융열보다 훨씬 큰 이유는, 물이 고체에서 액체로 될 때보다 액체에서 기체로 될 때 증가하는 물분자 간격이 훨씬 크기 때문이다.

물의 잠열은 화학공학에서 매우 중요한 역할을 한다. 특히 수증기의 잠열에 대한 데이터는 화학공정의 가열장치를 설계하는 데 필수적인 자료로 사용된다. 왜냐하면 대부분의 화학공정에서 액체나 기체 물질을 가열할 때, 그 열원으로 수증기를 사용하기 때문이다. 수증기는 고온에서 기상으로 존재하는 물을 말한다. 수증기는 차가운 물체와 접촉하면 스스로 액화되며 동시에 많은 양의 잠열을 방출하는데, 물질의 가열은 이 잠열을 사용해서 이루어지게 된다. 화학공정 중 대부분의 열 공급은 열교환기 내에서 일어나며, 이때 열교환기 내의 온도, 압력 등과 같은 조건에 따라 응축하는 수증기의 상태도 달라지게 된다. 그리고 수증기가 응축할 때의 조건은 그때 발생하는 잠열의 크기에 직접 영향을 미치게 된다.

수증기가 응축할 때 발생하는 잠열의 값을 온도와 압력에 따라 정리해 놓은 것이 바로 수증기 표steam table이다. 수증기 표에는 잠열 이외에도 많은 정보가 수록되어 있지만, 수증기의 응축에 따른 잠열 데이터가 가장 중요하다. 수증기의 잠열에 대해 반드시 알아야 할 사항은, 잠열의 크기는 수증기가 응축할 때의 압력에 따라 변화한다는 사실이다. 제11장의 그림 8에서, 물이 기화하거나 응축하는 온도와 압력은 항상 물의 증기압 곡선 (삼중점과 임계점을 잇는 곡선)상에 있다. 예를 들어 1 bar하에 있는 수증기는 100℃에서 응축하며, 15.5 bar하의 수증기는 200℃에서 응축하게 된다. 이 두 경우에 1 g의 수증기가 각각 응축할 때 잠열은 서로 같지 않으며, 그 잠열값은 1 bar에서는 540 cal/g이며 15.5 bar에서는 463 cal/g이다. 즉 응축할 때의 압력이 높을수록 그때의 잠열은 감소하게 된다.

수증기가 응축할 때 방출되는 잠열은 압력이 높을수록 감소한다. 다시 말해 그림 8의 증기압 곡선에서 응축이 일어나는 지점이 임계점에 가까워질수록 잠열이 감소한다는 것이다. 잠열이 작다는 것은 그때 상호 변화하는 기상과 액상이 가진 에너지의 차이가 작다는 것을 의미한다. 응축이 일어날 때 공존하는 기상과 액상의 온도는 동일하기 때문에, 두 개의 상을 이루는 분자들의 운동에너지는 같지만, 분자 간의 거리는 기상일 때가 더욱 커 분자들이 높은 위치에너지를 가지게 된다. 그러나 압력이 증가하면 액상 분자의 분자 간 거리는 크게 영향을 받지 않지만, 기상 분자는 더욱 조밀하게 배치되어 그 간격이 좁아지게 된다. 그러므로 기상과 액상이 갖는 분자들의 위치에너지 차이가 줄어들게 되며, 매우 높은 압력에서는 결국 액상과 기상의 차이가 거의 없어지게 되는 것이다. 만일 수증기가 물의 임계점(221 bar, 374℃)상에 도달하면, 그때는 두 개의 상이 동일해져 상변화라는 현상이 존재하지 않게 된다. 이것을 다른 말로 표현하면 물의 잠열이 0이 된다는 것이다.

잠열이란 단어를 열역학적으로 다시 표현하면, 잠열이란 물질에 상변화가 일어날 때 수반되는 물질의 엔탈피 변화를 말한다. 엔탈피는 물질의 내부에너지와 부피변화에 따른 역학적 에너지를 모두 포함한 개념임을 상기할 때, 잠열은 액상의 기화와 같은 상변화에 수반되는 열에너지와 부피 및 압력변화를 모두 포함한 개념임을 알아야 하겠다.

임계점

모든 물질은 온도와 압력에 따라 상태가 변화하며 그 상태는 고체, 액체, 기체로 나누어진다. 열역학에서는 주로 액체와 기체상태로 존재하는 물질을 다루는데, 열역학의 주된 목적은 이 상태를 결정하는 변수인 온도, 압력 등의 변화에 따른 물질의 상태와 에너지의 변화를 결정하는 것이다. 물질은 그 상태에 따라 고유 물성이 크게 변화한다. 예를 들어 물이 100℃, 1 bar하에 있다면 물은 액체 혹은 기체로 모두 존재할 수 있다. 이때 일정한 질량의 물이 기체상태로 있을 때 물의 부피는 액체상태로 있을 때에 비해 약 1600배 크며, 또한 물이 가지는 엔탈피는 기체상태로 있을 때가 약 6배 많다. 그러므로 동일한 물질이 어떤 상태에 있느냐에 따라 그 물질이 보유한 에너지와 같은 열역학적 특성이 크게 변화하게 된다.

열역학에서 주로 다루는 상태인 기체와 액체의 정의에 대해서는 굳이 언급할 필요가 없지만, 동일한 물질이 기체와 액체상태로 존재할 때 가장 다른 점은 물질의 개별 분자가 가지는 운동에너지가 크게 다르다는 것이다. 액체상태는 기체상태에 비해 분자들이 밀집해 있고, 따라서 분자 움직임의 형태인 이동, 회전, 진동의 정도가 기체에 비해 미소하다. 그러므로 액체상태의 분자는 기체에 비해 작은 에너지를 보유하고 있다. 따라서 액체가 기체로 상변화할 때는 외부에서 에너지를 공급해 주어야 하고, 반대로 기체가 액체로 될 때는 에너지를 외부로 방출하게 된다.

여기서 한 가지 숙지해야 되는 사실은 일반적으로 기체라고 하는 상태가 다시 두 가지로 나누어진다는 것이다. 열역학에서는 기체gas와 증기vapor를 구별하여 사용하고 있다. 증기란 일정한 온도하에서 압력을 증가시켜 액화시킬 수 있는 상태를 말한다. 반면 기체는 등온하에서 아무리 압력을 가해도 액화되지 않는 상태를 말한다. 예를 들어 그림 9와 같은 물의 증기압 곡선 도표를 생각해 보자. 물이 1 bar, 120℃하에 있을 때는 증기상태이다. 왜냐하면 일정한 온도 120℃하에서 압력을 증가시키면(그림에서 화살표 방향) 증기상태의 물이 액화하기 때문이다. 그러나 만일 물의 압력이 1 bar이고 그때의 온도가 400℃라면, 이때는 온도를 400℃로 유지하면서

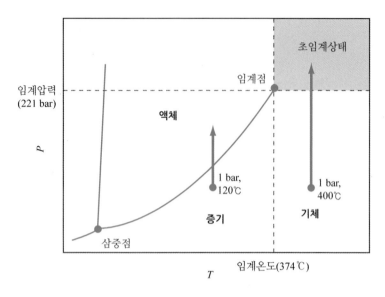

임계압력
(221 bar)

임계점

초임계상태

액체

P

1 bar,
120℃

1 bar,
400℃

증기

기체

삼중점

임계온도(374℃)

T

그림 9 물의 임계점과 초임계상태

아무리 높은 압력으로 올려도 물은 액화하지 않는다. 즉 액체의 영역으로 진입하지 않는다. 그러므로 물이 1 bar, 400℃하에 있다면 그 상태를 기체라 한다.

물의 상태를 액체, 증기, 기체로 나눌 수 있는 것은 그 경계를 정하는 기준점이 있기 때문인데, 그 점이 바로 임계점critical point이다. 임계점은 물질을 기체와 액체상으로 구분할 수 있는 마지막 점이다. 일반적으로 상온·상압하에서 기체나 액체로 존재하는 대부분의 물질들은 그 고유의 임계온도와 임계압력을 가지고 있다. 그림 9에서 보는 바와 같이 물의 임계점은 온도 374℃, 압력 221 bar인 지점이며 이 온도와 압력을 각각 임계온도, 임계압력이라 한다. 그림 9의 예에서와 같이 물이 임계온도보다 낮은 1 bar, 120℃에 있을 때는 등온가압하면 물은 액체로 되지만, 임계온도 이상인 400℃에 있다면 가압을 통해서 액체로 만들 수 없다. 그리고 임계온도 이상에 있는 물을 임계압력인 221 bar 이상으로 가압하면 그 물은 임계

온도와 임계압력보다 높은 온도와 압력하에 존재하게 되는데, 이러한 상태에 있을 때를 초임계상태에 있다고 말한다.

초임계상태는 기체도 아니고 액체도 아닌 상태이다. 기체나 액체상태에 있는 물질은 보통 일상생활에서 눈으로 보거나 피부로 접할 수 있어 우리에게 익숙한 대상이지만, 어떤 물질이 초임계상태에 있다고 하면 그 물질의 형태가 어떤지 좀처럼 상상하기 힘든 것이 사실이다. 예를 들어 순수한 물을 밀폐된 공간에 투입하고 그 온도와 압력을 374℃와 221 bar 이상인 상태로 가져가면 물은 초임계상태가 되는데, 그때 물의 모습은 어떻게 될까. 실제로 투명한 재질을 가진 실험 용기를 사용하여 그 모습을 육안으로 관찰해 보면, 물은 초임계상태에서도 어떤 특별한 모습을 가지는 것이 아니라 일반 물 컵에 담긴 물과 다를 바 없이 무색투명하다. 그러나 초임계상태에 있는 물이 기체나 액체상태의 물과 다른 점은, 어떤 온도와 압력의 변화에도 상변화가 일어나지 않는다는 것이다.

상변화라 하면 액체의 기화나 증기의 응축과 같은 급격한 물성의 변화를 말하며, 상변화가 일어난다는 것은 그 물질의 상도표 상에서 증기압 곡선을 가로지른다는 것을 의미한다. 그림 9에서와 같이 초임계상태에 있는 물은 등온감압, 등압냉각의 과정을 거쳐도 증기압 곡선을 가로지르는 일이 발생하지 않는다. 다시 말해 초임계상태의 물을 등온감압하면 기체로, 등압냉각하면 액체로 되지만, 이 과정에서 기화와 응축과 같은 급격한 물리적 상변화가 일어나지 않으면서 물질의 상태만 변화하게 되는 것이다.

물질의 임계점은 1822년 프랑스의 샤를르 카냐르 드라투르_{Charles Cagniard} _{de la Tour}에 의해 처음 발견되었다. 그는 대포의 포신 속에 임의의 액체와 돌맹이를 투입하고 밀봉한 다음 포신을 가열시켰다. 그는 포신을 가열하면서 동시에 포신을 상하좌우로 흔들리게 만들었으며, 그와 동시에 돌맹이가 포신 내에서 구르거나 내벽과 충돌하는 소리를 들을 수 있게 하였다. 그는 포신이 가열되는 과정에서 계속해서 그 소리를 확인하였는데, 어느 순간 그 소리가 갑자기 변화한다는 것을 발견하게 되었다. 이 현상은 포신 내의 액체상태가 불연속적으로 변화하였음을 의미하며, 이것이 임계점을 발견하게 된 동기를 제공하였다. 다시 말해 임계점의 발견은 물질의 상변화와 그에 따른 물성의 변화를 관찰하는 과정에서 이루어진 것이다.

일반적으로 기체나 액체와 같이 유동적인 부피를 갖는 물질을 총칭하여 유체라고 부른다. 유체의 임계점은 그 물질이 기체나 액체상태로 존재할 수 있는 마지막 경계점이다. 유체가 기체도 아니고 액체도 아닌 상태에 존재한다는 것은, 유체가 임계점 이상의 온도와 압력하에 존재할 때를 말하며, 그때의 유체를 초임계 유체supercritical fluid라고 부른다. 어떤 물질이든지 그 물질의 임계온도와 임계압력보다 높은 온도와 압력하에 존재하면 초임계 유체상태가 되는 것이다. 위에서 언급한 물 이외의 예를 들면, 에탄올의 임계온도와 임계압력은 240.9℃, 61.5 bar이며, 이산화탄소는 31.1℃, 73.8 bar이다. 그러므로 에탄올과 이산화탄소를 각각 이 온도와 압력보다 높은 상태로 만든다면, 이 물질들은 초임계 유체상태의 에탄올과 이산화탄소가 되는 것이다. 전술한 바와 같이 초임계 유체는 상변화를 일으키지 않는다. 그러므로 초임계상태의 에탄올과 이산화탄소도 온도나 압력의 변화에 따라 액화 또는 기화하는 현상이 일어나지 않는다. 그러므로 상변화가 일어나지 않는 초임계 유체의 물성은 급격한 변화 대신 유체의 온도와 압력의 변화에 따라 연속적으로 변화하게 된다. 이러한 초임계 유체의 특징은 학문적 그리고 산업적 응용에 매우 중요한 역할을 한다.

초임계 유체의 물성은 그 유체가 기체나 액체상태로 존재할 때 가지는 물성의 중간에 해당하는 값을 가지게 된다. 예를 들어 물의 밀도, 용해도, 확산도와 같은 물성은 물이 기체상태일 때와 액체상태일 때 매우 다르다. 초임계상태에 있는 물의 밀도, 용해도 등은 기체일 때의 값과 액체일 때의 값의 중간값을 가지게 된다. 가령 밀도의 경우 일정한 온도와 압력하에 있는 기체상의 물의 밀도를 1이라고 하면 액체상의 물의 밀도는 약 1000 정도 되는데, 초임계 유체상태에 있는 물의 밀도는 그 사이의 값을 가지게 된다. 또한 초임계 유체상태의 물질은 온도와 압력의 변화에 따라 그 밀도의 값이 큰 폭으로 변화하는 특성을 가지고 있다. 그리고 용해도나 확산도 같은 성질도 크게 변화시킬 수 있다. 즉 초임계 유체는 그 물성의 가변성이 매우 높다는 말이다. 그러므로 물질이 초임계 유체상태로 있을 때는 그 물질이 기체나 액체상태로 있을 때 가지는 물성을 동시에 가질 수 있다. 이러한 특성으로 인하여 초임계 유체는 물성의 변화가 요구되는 다양한 반응 및 분리공정에 널리 활용되고 있다.

Chapter 14

포화

열역학을 처음 배우는 학생들이 접하는 용어 중 그 의미를 이미 잘 알고 있다고 생각하지만, 실제로는 잘못된 선입견을 가지고 사용하는 단어가 바로 포화saturation이다. 포화란 단어를 들었을 때 우리는 과거 고교 화학 시간에 배웠던 용액이 포화되었다는 말을 떠올리게 된다. 즉 물과 같은 액체에 소금과 같은 용질을 녹이는 과정에서 더 이상 녹지 않을 때 우리는 그 용액이 포화되었다고 한다. 그러나 열역학에서 포화라는 말이 사용될 때는 용액이 포화되었다고 할 때와 그 의미가 다르다.

열역학에서 포화란 단어는 기체나 액체의 상변화 현상의 경계를 표시할 때 사용된다. 물질의 상변화는 온도와 압력의 변화에 따라 발생하므로, 물질의 포화상태를 나타내기 위해서는 두 변수인 온도와 압력을 함께 고려해야 한다. 물질이 포화되었다는 말은 그 물질이 상변화가 일어나는 온도와 압력하에 존재한다는 것을 뜻한다. 가장 쉬운 예로 물의 경우를 들 수 있다. 피스톤과 실린더로 구성되어 내용물의 압력을 조절할 수 있는 용기 내에 순수한 물이 들어 있다고 하자. 초기에 물이 상온·상압인 25℃, 1 bar에 존재한다면 이 물은 포화된 물이 아니다. 이 상태의 물은 냉각된 상태에 있는 물이다. 즉 물이 포화상태보다 낮은 온도에 존재한다는 것이다. 이 용기에 열을 가하면서 동시에 압력을 1 bar로 유지한다면 물의 온도가 올라가 100℃, 1 bar에 도달할 것이다. 이 상태에서 액상으로 존재하는 물을 포화액체saturated liquid라고 부른다. 그리고 압력을 1 bar로 유지하면서 계속해서 열을 가하면 액체상태의 물은 증기상태로 변화하기 시작하며, 열을 가할수록 점점 더 많은 부분이 증기로 된다. 이 과정에서 열을 가해도 물의 온도는 변화하지 않고 100℃로 유지된다. 용기에 남아 있는 액체가 모두 증기로 되어 100℃, 1 bar하에 존재하면 이때의 물을 포화증기saturated vapor라고 부른다. 여기서 압력을 1 bar로 유지하면서 계속 열을 가하면 증기의 온도가 상승하는데, 그 온도가 예를 들어 120℃에 도달했다고 하면 이때의 물을 과열증기superheated vapor라고 부른다. 즉 포화상태보다 높은 온도에 존재한다는 뜻이다.

여기서 할 수 있는 한 가지 질문은, 물이 1 bar의 액체상태에서 증기로 변화하는 현상이 반드시 100℃에 도달해야지만 일어나는가 하는 것이다. 예를 들어 방 안의 접시에 담겨 있는 물이 오랜 시간이 지난 후에는 말라 버리는 현상을 생각해 보자. 즉 방 안의 물은 상온에서도 증발하여 공기 중에 기체상으로 존재하게 된다는 것이다. 즉 25℃와 같은 상온에서도 액체가 증기로 되는 상변화가 일어나는 것이 아닌가 하는 질문이다. 이러한 의문은 상변화에 대한 예를 일상생활에서 찾아보는 과정에서 자연스럽게 가지게 된다.

접시의 물이 기화하는 것은 확산현상이다. 즉 물의 농도가 높은 물의 표면에서 농도가 낮은 공기 중으로 물분자가 이동하는 현상이다. 공기 중으로 이동한 물분자는 공기 중에 기체상태로 존재하게 된다. 그러나 25℃에서 공기 중에 존재하는 이 물은 순수한 상태가 아니라 공기의 성분인 질소와 산소 분자와의 혼합물 상태이다. 다시 말해 이 온도에서 물, 질소, 산소, 이 세 성분의 혼합물은 기체상태로 존재한다는 것이다. 만일 이 상태의 공기 중에 있는 물, 질소, 산소의 분자 중 물분자만 따로 떼어내어서 25℃, 1 bar하에 모아둔다면, 그때의 물분자는 분명히 액체상태로만 존재하게 된다. 위에서 언급한 피스톤과 실린더 내에 갇혀 있는 순수한 물은 25℃, 1 bar하에서는 절대 기화하지 않고 액체상태로만 존재한다.

이 예를 통해 강조하고자 하는 것은 상변화와 같은 열역학적 현상의 예를 가끔 우리 주변에서 쉽게 찾을 수는 있지만, 때로는 그 예가 상식에만 근거한 나머지 옳지 않는 예가 되어 오히려 그 개념에 대한 이해를 방해할 수도 있다는 것이다.

위에서는 물의 압력이 1 bar로 일정할 때 온도변화에 따른 상변화에 대하여 설명하였다. 다음에는 물의 온도가 일정하게 유지되면서 압력이 변화하는 경우에 대하여 생각해 보자. 그림 10을 참고하고 제11장에서 설명한 증기압의 개념을 상기하면서, 물이 25℃하에 있을 때 갖는 증기압이 0.03 bar임을 염두에 두자. 이 온도에서 만일 물에 미치는 압력이 1 bar라

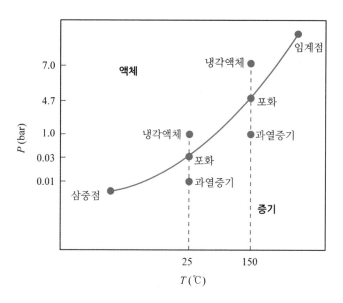

그림 10 물의 포화, 과열, 과냉상태

면 이 압력은 물의 증기압보다 큰 압력이다. 다시 말해 물분자가 액체상으로부터 기체상으로 떠나려고 하는 힘(증기압)보다 큰 압력이 외부에서 작용하기 때문에 물은 기체로 되지 못하고 액체상으로만 존재하게 된다.

이러한 25℃, 1 bar하에 있는 액체인 물을 위에서 언급한 용기에 투입한 다음, 피스톤을 후진시켜 용기 내의 압력을 감소시킨다고 하자. 용기 내의 압력이 25℃에서의 증기압인 0.03 bar보다 클 경우에는 물은 항상 액체로 존재한다. 그리고 압력이 감소하여 0.03 bar에 도달하면 물은 액체에서 기체상으로 변하기 시작하는데, 이때 액체상태에 존재하는 물이 포화 액체이며 기체상은 포화증기이다. 즉 주어진 온도에서 물에 미치는 압력이 그 온도에서의 증기압과 같을 때 그 물을 포화되었다고 한다. 여기서 용기의 압력을 계속 감소시켜 증기압보다 낮은 압력, 예를 들어 그림 10과 같이 0.01 bar로 만든다면 용기의 물은 모두 기화될 것이다. 이때 용기 내에 존재하는 증기상태의 물은 과열증기의 상태가 된다. 상식적으로 과열증기라고 하면 물이 매우 높은 온도에 존재하는 상태만을 연상하게 되지만, 물에 미치는 압력에 따라 25℃와 같은 낮은 온도에서도 과열상태로 존재하게 되는 것이다. 다시 말해 물이 주어진 온도에서의 증기압보다 낮은 압력하에 있다면, 그 물은 항상 과열증기의 상태에 존재하게 된다. 만일 용기 내에 있는 25℃, 0.01 bar하에 있는 과열증기에 압력을 가하여 다시 0.03 bar로 만든다면, 물은 증기에서 액체로 변화되기 시작하여 용기 내에 액적이 발생하게 된다. 이때 용기 내의 증기는 포화증기가 되며 발생하는 액적은 포화액체상태로 존재하게 된다.

만일 용기의 온도를 150℃로 유지한다고 하자. 그림 10에서와 같이 이 온도에서 물의 증기압은 4.7 bar이다. 그러므로 150℃에서 용기 내의 압력이 4.7 bar라면 물은 포화액체 혹은 포화증기상태로 존재하게 되며, 압력을 4.7 bar보다 낮은 압력으로 유지한다면 물은 과열증기상태로 된다. 만일 압력을 4.7 bar보다 높은 압력, 예를 들어 7 bar의 압력을 용기에 가한다면, 이때 150℃에 있는 물은 액체상태로 존재하게 된다. 이때 물은 냉각된 상태에 있다고 말한다. 즉 물의 온도가 150℃라고 해도 냉각되었다는 표현을 쓰는 것이다. 물이 주어진 온도에서의 증기압보다 높은 압력하에 존재한다는 뜻이다.

이와 같이 기체나 액체상태로 존재하는 물질이 포화되었다는 것은 그 물질이 상변화가 발생하는 지점에 존재한다는 것을 의미한다. 다시 말해 물질의 온도와 압력이 그림 10과 같은 증기압 곡선상에 있다는 것이다. 그리고 물질이 냉각 혹은 과열된 상태라는 것을 판단하는 기준은, 물질의 온도뿐만 아니라 압력이라는 변수도 동시에 고려해야 한다.

Chapter 15

이상기체

이상기체는 실제로 존재하지는 않지만 열역학적 계산을 위해서는 반드시 정의되어야 하는 개념이다. 이상기체를 나타내기 위해 사용하는 이상기체 상태방정식은 매우 간단히 표현된다. 그러므로 우리는 자칫 이상기체 개념에 대한 중요성을 간과해 버릴 수 있다. 그러나 이상기체 개념이야말로 열역학에서 가장 기본적인 개념 중의 하나이며, 실제기체의 물성을 계산하는 데 없어서는 안 되는 자료를 제공해 준다.

이상기체는 기체를 구성하는 분자 자체의 부피가 무시되고, 분자 사이의 상호 인력과 반발력이 존재하지 않는 기체로 정의된다. 그리고 이상기체의 온도, 압력, 부피의 상관관계는 이상기체 상태방정식인 $PV = RT$로 표현된다. 이 식은 이상기체가 어떤 조건에 있든지, 그 기체의 압력과 부피의 곱을 절대온도로 나눈 값은 항상 이상기체 상수 R로 일정하다는 것을 의미한다. 그리고 온도가 일정할 때 이상기체의 부피와 압력의 곱은 항상 일정하다는 것을 뜻한다. 이러한 이상기체 개념은 17~19세기에 걸쳐 정립된 보일의 법칙, 게이뤼삭의 법칙, 아보가드로의 법칙 등의 기체법칙에 필요한 기본적인 이론을 제공해 주었다.

이상기체를 정의하기 위해서는 두 가지 명제가 사용된다. 첫째 이상기체는 이상기체 상태방정식을 따르는 기체라는 것이며, 둘째 이상기체의 내부에너지는 기체의 압력이나 부피에는 영향을 받지 않고 오직 온도에만 영향을 받는다는 것이다. 이상기체의 내부에너지가 온도만의 함수가 되는 이유는 이상기체를 구성하는 분자의 크기와 분자 상호간의 인력이 무시되기 때문에, 기체의 압력과 부피변화가 기체 분자가 가지는 에너지에 아무 영향을 미치지 않기 때문이다. 다만 온도변화는 기체 분자의 운동에너지를 변화시키므로 내부에너지는 온도만의 영향을 받게 된다. 또 엔탈피의 정의를 이상기체에 적용하면 다음과 같이 된다.

$$H = U + PV = U + RT$$

즉 이상기체의 내부에너지가 온도만의 함수이므로, 이 식에 의해 이상기체의 엔탈피도 온도만의 함수가 된다. 이 사실은 앞으로 설명할 이상기체 열용량의 개념을 정의하고, 이에 따라 이상기체의 내부에너지와 엔탈피를 구하는 열역학 계산을 가능하게 하는 기초를 제공한다.

이상기체는 실제기체에서 존재하는 분자 간의 상호작용을 무시한 기체이다. 한편 물질의 내부에너지는 그 구성 분자가 회전, 진동, 전이의 운동을 함으로써 보유하고 있는 에너지라고 설명하였다. 이상기체의 내부에너지가 온도만의 함수라는 것은 이러한 분자의 운동 형태와 크기가 온도에만 영향을 받는다는 것이다. 이상기체가 아닌 실제기체의 경우 분자 간의 상호작용이 존재하기 때문에 각각의 분자 운동은 온도뿐만 아니라 기체의 부피와 압력에도 영향을 받게 된다. 기체의 부피와 압력은 개별 분자의 운동과 직접 연관성을 가진다. 즉 어떤 공간에 일정한 수의 기체 분자가 존재할 때, 기체의 부피가 크다는 것은 분자 사이의 간격이 넓다는 것이며, 부피가 작다는 것은 분자 간격이 좁다는 것이다. 또한 기체의 압력이 높다는 것은 기체의 부피가 줄어들어 분자 간격이 좁아진다는 것을 의미하며, 압력이 낮다는 것은 기체의 부피가 늘어나 분자 간격이 넓어진다는 것을 뜻한다. 이처럼 기체의 부피와 압력에 따라 분자 간의 거리가 변화하므로, 분자 사이의 상호 인력과 반발력이 존재하는 실제기체의 경우에는 기체의 부피와 압력이 개별 분자의 운동에 직접 영향을 미치게 된다. 다시 말해 실제기체에서는 기체의 부피와 압력이 기체 분자의 운동, 즉 기체의 내부에너지에 영향을 주게 된다.

이상기체에서는 분자 간의 상호작용이 배제되므로 기체의 부피나 압력의 변화가 기체가 가지는 에너지에 영향을 주지 않지만, 기체의 온도가 변화하면 개별 분자의 운동량은 변화하므로 이상기체의 내부에너지와 엔탈피는 온도의 함수가 된다. 이 사실로부터 유도되는 중요한 결과가 바로 이상기체의 열용량이 온도만의 함수라는 것이다. 제10장에 있는 열용량의 정의식인 식 (9)와 식 (10)을 다시 쓰면 다음과 같이 된다.

$$C_V = (dU/dT)_V, \quad C_P = (dH/dT)_P$$

여기서 U와 H가 온도만의 함수이고 이것을 온도로 다시 미분한 열용량 C_V와 C_P는 또 다른 온도만의 함수가 되는 것이다. 그러므로 이상기체의 열용량은 임의의 온도만의 함수로 나타낼 수 있게 된다. 열역학에서는 이상기체 열용량 C_P^{ig}를 온도만의 함수로 다음과 같은 일반적 다항식으로 나타내고 있다.

$$C_P^{ig} = a + bT + cT^2 \tag{12}$$

위 식의 상수 a, b, c는 물질의 종류에 따라 그 고유의 값을 가지게 되며, 이 값들은 실험에 의해 구할 수 있다. 물질의 열용량을 하나의 식으로 나타내었다는 사실은 매우 중요한 의미를 가지는데, 그것은 물질의 엔탈피 변화량의 계산을 현실적으로 가능하게 했다는 것이다. 다시 말해 식 (12)인 이상기체 열용량의 방정식과 물질의 엔탈피 변화를 구하게 하는 식 (11)을 사용하여 주어진 온도변화에 따른 엔탈피 변화를 직접 계산할 수 있다는 것이다. 이것이 바로 열역학에서 열용량의 개념이 가지는 중요한 의미이다. 더불어 식 (12)에서와 같이 일반적으로 이상기체의 온도가 증가하면 그 열용량도 같이 증가 혹은 감소한다는 사실을 알아야 한다. 이 사실은 이상기체뿐만 아니라 실제기체, 그리고 모든 물질에 대해서도 적용된다. 다시 말해 물질의 열용량은 항상 일정한 값을 가지는 것이 아니라 물질의 온도가 변화하면 따라서 변화한다는 것이다.

이상기체의 개념이 가지는 또 다른 중요한 사실은, 이상기체는 순수한 상태로 존재할 때와 혼합물의 상태로 존재할 때에 그 성분의 물성이 변화하지 않는다는 점이다. 예를 들어 순수한 기체 성분 A와 B가 각각 이상기체 상태에 있다고 하자. 만일 이 두 성분을 혼합한 혼합물인 기체 $A + B$도 이상기체 상태에 있다면, 두 성분의 물성은 순수한 상태로 존재할 때나 혼합물 상태로 있을 때나 같게 된다. 왜냐하면 혼합물 상태에서도 분자 간의 상호 인력이 무시되기 때문이다. 참고로 실제기체의 경우 다른 성분과 공존하는 혼합물 상태에 있을 때는 순수한 상태로 존재할 때와 비교해서 밀도, 엔탈피 등과 같은 물성이 달라진다.

혼합물 상태에 있는 특정 성분의 물성이 순수한 상태일 때와 동일하다는 이상기체의 개념은 열역학 계산에서 매우 유용하게 사용된다. 실제로 대부분의 화학공정에서 사용되는 원료나 중간제품, 그리고 완제품들은 순수한 상태로 존재하는 경우가 거의 없으며, 모두 여러 성분의 혼합물 상태로 존재한다. 이 혼합물들의 물성을 직접 계산하기 위해서는 혼합물을 구성하는 성분의 종류와 그에 따른 구성분자들 간의 상호작용에 대한 정보를 알고 있어야 한다. 그러나 수없이 많이 존재하는 혼합물들에 대해 이러한 정보를 얻는다는 것은 현실적으로 매우 힘들며, 따라서 간접적인 방법을 사용하여 실제기체 혼합물의 물성을 계산하게 된다. 이 방법은 우선 혼합물을 이상기체의 혼합물로 간주한 다음, 그 혼합물의 물성을 각 성분이 순수한 상태에 있을 때의 물성을 이용해 구하고, 다시 그 값을 실제기체 상태로 환원하는 것이다. 이때 도입되는 개념이 바로 잉여성질이다.

잉여성질residual property은 실제기체의 물성을 구하기 위해 도입된 개념이다. 잉여성질을 사용하여 구할 수 있는 실제기체의 물성은 밀도, 엔탈피, 엔트로피, 깁스에너지 등이다. 잉여성질은 실제기체의 물성과 이상기체 물성의 차이로 정의된다. 잉여성질을 정의하는 이유는 실제기체의 물성을 간접적으로 구하기 위해서이다. 이상기체의 물성은 쉽게 계산할 수 있다. 그리고 잉여성질은 기체의 압축계수의 함수로 표시된다. 압축계수는 기체의 상태방정식으로부터 구할 수 있으며, 따라서 상태방정식 혹은 압축계수에 대한 식을 알면 잉여성질의 값을 구할 수 있게 된다. 이상기체의 물성과 잉여성질을 구하게 되면, 잉여성질의 정의에 의해 실제기체의 물성을 구할 수 있다. 즉 실제기체의 물성은 이상기체의 물성과 잉여성질의 값을 더한 값이 되는 것이다. 결론적으로 실제기체의 물성을 구하기 위하여 잉여성질의 개념을 도입하였고, 또한 실제기체의 물성을 구하기 위해서는 이상기체의 물성이 반드시 구해져야 하는 것이다.

이와 같이 이상기체의 개념은 역사적으로는 보일의 법칙과 같은 고전적인 이론에서 태동되었지만, 결국에는 실제 공정에서 사용되는 실제기체의 밀도, 엔탈피, 엔트로피 등과 같은 구체적인 물성을 계산하기 위한 필수적인 자료를 제공하는 역할을 한다.

실제기체

제15장에서 설명한 이상기체 개념은 실제기체가 가지는 성질을 무시한 간단화된 모델이다. 그렇다면 과연 실제기체를 구성하는 분자들은 어떤 상태에 존재하는가. 이상기체와 실제기체의 차이를 살펴보면, 첫째 실제 기체는 분자 자체의 부피가 존재하며, 둘째 질량을 가진 분자들 사이에 인력이 존재한다는 것이다. 먼저 실제기체의 부피를 생각해 보자. 이상기 체 상태방정식은 $PV = RT$로 표현된다. 여기서 사용된 부피 V는 기체 1몰이 차지하는 부피를 나타낸다. 어떤 용기에 기체 1몰이 담겨 있다면, 부피 V는 이 용기의 부피와 같다. 만일 이 기체가 이상기체일 경우, 분자 자체의 크기가 없기 때문에 용기 내에는 빈 공간만 존재하며 이 공간의 부피가 곧 기체의 부피 V가 될 것이다. 만일 기체가 실제기체인 경우에는 분자 자체의 크기가 존재하기 때문에, 이 용기 내에는 개별 기체 분자가 차지하는 공간이 생기게 된다. 실제기체의 부피라 함은 물론 이 기체가 담긴 용기의 부피를 말하는데, 이 부피는 기체 개별 분자의 크기와 분자 사이에 존재하는 빈 공간의 부피를 모두 합친 부피가 되는 것이다.

만일 N개의 분자로 구성된 실제기체가 어떤 용기를 채우고 있을 경우, 이 용기의 부피를 V라고 하자(그림 11 참고). 이때 이 기체가 차지하는 부피는 당연히 V가 되는데, 여기서 정의할 수 있는 것이 기체의 자유이동 부피 V_f이다. 자유이동부피는 분자가 기체 공간 내에서 자유로이 이동할 수 있는 공간을 의미한다. 다시 말해 자유이동부피는 분자 자체가 차지하 는 공간을 뺀 나머지 빈 공간을 말한다. 만일 1개의 분자가 차지하는 부피 를 V_m이라 하면 N개의 분자가 차지하는 부피는 NV_m이 된다. 따라서 전체 기체 부피가 V이므로 자유이동부피는 $V_f = V - NV_m$으로 표시된 다. 분자는 보통 구형으로 간주하기 때문에 분자 자체의 부피 V_m은 미소 한 구의 부피라고 생각하면 된다.

이상기체에서는 기체의 부피 V 내에서 기체의 분자가 완전히 자유롭 게 움직일 수 있다. 그러나 실제기체에서는 분자 자체의 부피가 존재하기 때문에 분자 간의 충돌 등으로 인하여 분자가 움직일 수 있는 공간이 제약을 받게 된다. 그러므로 실제기체에서 분자가 아무런 제약 없이 자유롭게 이동할 수 있는 공간은 자유이동부피 V_f가 되는 것이다. 따라서 실제기체의 자유이동부피란 이상기체의 총 부피와 같은 개념이고, 실제기체를 이상기체로 취급하기 위해서는 이 자유이동부피를 기체의 총 부피로 취급하면 되는 것이다. 이 개념은 제16장에서 설명할 실제기체의 상태방정식을 세우는데 기본 원리로 사용된다.

실제기체를 구성하는 분자들 사이에 존재하는 인력을 설명하기 위해서는 기체가 나타내는 압력을 고려해야 한다. 압력이란 기체가 담겨 있는 용기의 벽에 기체 분자가 얼마나 세게 부딪히는가의 정도를 나타낸다. 만일 용기에 이상기체가 담겨 있다면, 각 분자가 용기에 충돌하는 일은 다른 분자에 의해 영향을 받지 않고 독립적으로 일어날 것이다. 그러나 실제기체의 경우에는 분자들 사이에 인력이 존재하므로, 분자와 벽이 충돌하는 힘이 인근한 분자의 영향을 받게 된다.

그림 11과 같이 용기에 들어 있는 실제기체의 분자를 생각해 보자. 먼저 용기의 중앙부에 있는 1개의 분자는 다른 분자들에 의하여 완전히 둘러싸이게 된다. 이 분자에는 주위 분자들에 의한 인력이 미치고 있으며,

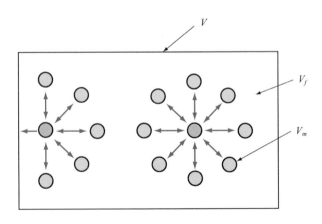

그림 11 실제기체 분자의 상호 인력과 압력

일정 시간 동안 이 1개 분자에 미치는 힘의 평균을 내면, 그 인력은 방향성 없이 모든 방향으로 균등하게 작용한다. 그러나 용기의 벽에 인접하여 벽과 충돌하기 직전에 있는 분자에 미치는 힘은 중앙에 있는 분자와는 다르다. 이 분자는 주위의 분자들의 인력으로 인하여 벽과 충돌하려고 하는 방향과 반대 방향으로 힘을 받게 된다. 다시 말해 주위 분자의 인력 때문에 벽과 충돌하는 힘이 감쇄된다는 것이다. 따라서 기체가 발휘하는 압력은 감소하게 된다. 그러므로 만일 두 개의 같은 용기에 각각 같은 개수의 분자로 구성된 이상기체와 실제기체가 담겨 있을 경우, 실제기체가 담긴 용기의 압력이 이상기체가 담긴 용기의 압력보다 작게 된다. 만일 실제기체의 분자 사이에 인력 대신에 반발력이 존재하는 경우라면, 실제기체의 압력은 이상기체에 비해 더 커지게 될 것이다.

이와 같이 이상기체에 비교한 실제기체의 특성은, 분자 자체의 부피에 의해 분자가 자유롭게 움직일 수 있는 공간이 줄어든다는 것과 분자 간의 인력이나 반발력 때문에 이상기체에서보다 압력이 감소 혹은 증가한다는 사실로 요약될 수 있다. 이러한 실제기체의 개념은 기체의 온도, 압력, 부피의 관계를 수학적 표현으로 나타내는 상태방정식의 정립에 직접 사용되었는데, 그 효시가 바로 van der Waals 상태방정식이다.

Chapter 17

상태방정식

Equation of State

상태방정식은 하나의 수학식이다. 아마 인간이 사용하는 도구 중에 가장 정확성을 요구하는 것은 수학적 표현일 것이다. 우리가 일상생활에서 사용하는 언어는 듣는 사람에 따라 해석이 달라질 수 있는 다분히 유동적인 표현인 반면, 수학적 표현인 방정식은 인위적 혹은 자연적인 규칙을 나타내는 정확한 표현이다. 열역학에서 사용되는 상태방정식은 자연에 존재하는 모든 물질 중 기체나 액체상태로 존재하는 성분의 물성이 어떤 규칙에 따라 변화된다고 전제하고 그 규칙을 수학적으로 표현한 것이다. 상태방정식은 물질의 상태를 결정짓는 온도, 압력, 부피, 이 세 가지 물성의 상관관계를 일정한 규칙을 갖는 수학적 방정식으로 표현한 것이다.

우리가 알고 있는 최초의 상태방정식은 1662년 보일$_{\text{Robert Boyle}}$이 제시한 이상기체 상태방정식인 $PV = RT$이다. 이 식은 보일 혼자서 만든 식은 아니며, 그 이후의 샤를$_{\text{Jacques Charles}}$, 클라페롱$_{\text{Emile Clapeyron}}$ 등과 같은 사람들을 통해 완성된 식이다. 다만 기체의 압력과 부피의 곱이 일정하다는 개념은 보일에 의해 최초로 창안되었다. 이 식의 의미는 주어진 기체가 일정한 온도에 있을 때, 그 기체의 압력과 부피의 곱은 항상 일정한 값을 가진다는 것이다. 이것을 다른 말로 표현하면 이상기체가 일정한 온도에 있을 때 기체의 압력과 부피는 반비례하며 그 비례상수는 R이라는 것이다. 결국 이 식을 통해 일정한 온도하에서 기체의 압력과 부피는 반비례하며, 일정한 압력하에서는 온도와 부피가 정비례 관계를 갖는다는 매우 중요한 사실을 나타내었다. 그러나 이 식은 그 비례와 반비례 관계가 일정한 상수 값 R에 의해 결정된다는 단순관계를 나타내는 데 그쳤으며, 그 이후 실제기체의 온도, 압력, 부피의 관계는 이상기체 상태방정식에 의해 정확히 표현되지 않는다는 사실이 밝혀지게 되었다.

이상기체 상태방정식은 기체의 규칙성을 수학적으로 표현했지만 실제기체에는 맞지 않는 부정확한 식이다. 상태방정식의 발전과정은 결국 이 맞지 않는 이상기체 상태방정식을 더 정확한 식으로 만들기 위하여 이 식을 수정해 가는 과정이라 말할 수 있다. 즉 상태방정식은 일정한 온도하에서 기체의 압력과 부피의 곱은 일정하다는 보일의 법칙을 기본개념으로 하고, 동시에 이상기체와는 다른 실제기체의 성질을 고려한 인자들을 추가하여 만들어지게 되었다.

1873년 네덜란드의 요하네스 반데르발스Johannes Diderik van der Waals는 실제기체와 이상기체의 다른 점인, 기체 분자 사이에 존재하는 인력과 분자 자체의 부피를 동시에 고려하여 이상기체 방정식을 수정한 van der Waals 상태방정식을 만들었다. 반데르발스는 먼저 실제기체의 분자 사이에는 상호 인력이 존재한다고 간주하였는데, 지금도 우리는 이 인력을 반데르발스 힘이라 부르고 있다. 예를 들어 기체의 온도가 감소하여 기체가 액체상태로 응축하는 것은, 기체 분자 사이에 반데르발스 인력이 작용하고 있기 때문에 분자가 결집되는 현상이다. 반대로 온도가 증가하여 액체가 기화하는 것은, 온도가 높아져 개별 분자의 활동력이 액체 분자 사이에 작용하는 반데르발스 인력보다 커져 분자가 서로 분리되기 때문이다. 이와 같이 실제기체 사이에 미치는 반데르발스 인력의 존재는, 이상기체에 비해 실제기체의 개별 분자 운동을 제한하여 실제기체 분자의 활동력을 줄이는 역할을 한다.

Johannes Diderik van der Waals (1837~1923)

van der Waals 상태방정식은 이상기체 상태방정식으로부터 유도되었다. 유도의 근거는 앞서 설명한 바와 같이 분자 간 인력과 실제분자 크기의 존재인데, 반데르발스는 이 두 가지 요인의 영향을 독립적으로 고려하였다.

먼저 분자 간의 인력을 고려하기 위하여 부피가 동일한 두 용기에 이상기체와 실제기체 각각 1몰이 들어 있는 경우를 생각해 보자. 기체 1몰이 들어 있다는 것은 기체 분자 6.02×10^{23}개가 있다는 말이다. 만일 이 두 용기가 일정한 온도하에서 같은 부피 V로 유지될 경우, 두 용기 내부에 걸리는 압력을 비교해 보면 실제기체가 들어 있는 용기의 압력이 낮게 나타나게 될 것이다. 왜냐하면 제15장에서 설명한 바와 같이, 실제분자 사이에 존재하는 반데르발스 인력 때문에 분자의 운동이 제한을 받아 분자가 용기의 벽에 충돌하는 힘이 감소하기 때문이다. 또한 용기의 부피가 작을수록 분자 간의 거리가 감소하게 되며, 따라서 분자 사이에 작용하는 반데르발스 인력은 더욱 커지게 될 것이다. 그러므로 용기의 부피가 작을수록 압력이 감소하는 정도가 더욱 커지게 된다. 반데르발스는 그 압력이 감소하는 정도가 용기 부피의 제곱인 V^2에 반비례할 것이라고 생각하였다. 그러므로 비례상수를 a로 둔다면 압력감소량은 a/V^2이 되는 것이다. 따라서 실제기체가 담겨 있는 용기의 압력을 P라고 할 때 이상기체가 들어 있는 용기의 압력은 $(P + a/V^2)$이 된다. 다시 말해 실제기체의 압력이 a/V^2만큼 낮다는 것이다.

한편 분자가 가지는 실제 부피의 영향을 살펴보기 위하여 압력이 동일한 두 용기에 이상기체와 실제기체 각각 1몰이 들어 있는 경우를 생각해 보자. 이때 두 용기는 피스톤과 실린더로 구성되어 있어 물질의 이동 없이 부피와 압력을 조절할 수 있다고 하자. 결론부터 말하면, 동일한 온도에서 두 용기의 압력을 같게 유지하기 위해서는 두 용기의 부피가 달라져야 된다. 일반적으로 우리가 기체의 부피가 얼마라고 할 때, 그 부피는 기체 분자 자체가 가지고 있는 부피를 말하는 것이 아니라 기체 전체가 차지하고 있는 부피를 말한다. 즉 제16장에서 설명한 바와 같이 기체의 부피 V는 기체의 자유이동부피와 기체 분자 자체의 부피를 더한 값($V = V_f + NV_m$)이 되며, 이것이 상태방정식에서 사용되는 기체의 부피 V가 되는 것이다.

이상기체는 분자 자체의 부피가 없는 반면 실제기체는 분자 자체가 일정한 부피를 가지고 있기 때문에, 우리가 말하는 실제기체의 부피 V 중의 일부는 이 기체 분자의 부피가 차지하고 있는 것이다. 반데르발스는 기체 분자를 하나의 구형 입자로 간주하였고, 그 부피는 온도와 압력에 따라 변화하지 않는다고 가정하여 그 부피 값을 상수 b로 두었다. 여기서 b의 값은 기체 분자 하나의 부피가 아닌 용기에 포함되어 있는 모든 분자, 즉 6.02×10^{23}개 분자의 부피를 모두 합한 값이다. 그러므로 실제기체 1몰이 들어 있는 용기의 부피를 V라고 할 때 이 분자들이 자유롭게 이동하는 공간의 부피는 $(V-b)$가 된다.

한편 이상기체와 실제기체가 들어 있는 두 용기의 압력이 동일하게 유지된다는 것은 분자들이 벽과 충돌하는 힘이 같다는 것을 의미한다. 두 용기가 동일한 온도에 존재하면 이상기체나 실제기체 분자들이 가지는 개별 에너지는 같게 되며, 이 상태에서 압력이 동일, 즉 분자가 벽과 충돌하는 힘이 같게 되려면 분자들이 이동할 수 있는 거리가 같아야 된다. 즉 자유이동부피가 같아야 된다는 말이다. 실제기체의 부피가 V일 때 그 자유이동부피는 $(V-b)$이며, 따라서 그와 동일한 온도와 압력하에 있는 이상기체의 부피는 $(V-b)$가 되어야 한다.

이상의 설명과 같이, 실제기체가 가지는 분자 간의 인력과 분자의 실제 부피를 동시에 고려하여 이상기체와 실제기체를 비교하면 다음과 같다. 한 용기에 담긴 실제기체의 온도, 압력, 부피가 각각 T, P, V이면, 다른 용기에 담긴 이상기체의 온도, 압력, 부피는 각각 T, $(P + a/V^2)$, $(V-b)$가 되는 것이다. 그리고 이상기체의 온도, 압력, 부피는 이상기체 상태방정식의 관계인 압력 × 부피 = 상수 × 온도를 따르게 되므로 그 상태방정식은 다음과 같이 된다.

$$\left(P + \frac{a}{V^2}\right)(V - b) = RT \tag{13}$$

이 식이 바로 van der Waals 상태방정식이다. 지금부터 1세기 이전에 만들어진 이 기념비적인 식은 그 이후로 등장한 모든 상태방정식의 효시라 할 수 있다. 반데르발스는 이 식을 〈액체와 기체상태의 연속성〉이란 제목을 가진 그의 박사학위 논문에서 처음으로 사용하였는데, 이 업적은 그가 1910년 노벨 물리학상을 수상하는 계기가 되었다. 사실 반데르발스가 이상기체 방정식을 수정하여 실제기체에 대한 상태방정식을 제안한 최초의 사람은 아니었다. 그러나 18세기 초부터 후반까지 등장한 상태방정식들은 기체의 실제 부피를 고려하지 않았고, 또한 여러 종류의 기체에 대한 온도, 압력, 부피의 상관관계를 설명하는 데 실패하였기 때문에 거의 사용되지 않았다. 이에 비하여 반데르발스의 식은 실제기체 분자 사이의 인력과 분자의 실제 부피에 의한 분자 간의 반발력을 동시에 고려한 최초의 식으로서, 오늘날 통계역학의 이론을 성립시키는 데 큰 기여를 하였다. 한편 식 (13)을 부피 V에 대하여 전개하면 부피에 대한 3차 방정식이 되므로 van der Waals 상태방정식과 같은 종류의 식을 3차 상태방정식이라 부르기도 한다.

van der Waals 상태방정식은 실제기체의 온도, 압력, 부피의 관계를 나타내는 표현이지만, 그 이외에도 임계점의 존재와 기-액 상분리에 대한 개념도 함께 포함하고 있다. 반데르발스는 물질이 임계점을 가진다는 사실을 일찍이 주지하였으며 이 사실을 상태방정식을 세우는 데 사용하였던 것이다. 잘 알려진 바와 같이 식 (13)에서 사용되는 상수 a, b는 임계점에서의 관계식을 이용하여 물질의 임계온도와 임계압력으로부터 구할 수 있다. 또한 식 (13)은 물질이 기체상태로 있든, 액체상태로 있든, 혹은 두 상이 공존하든 간에 관계없이 그때의 밀도를 구할 수 있게 한다. 이와 같이 van der Waals 상태방정식은 물질의 임계점과 상평형의 개념을 함께 나타낸다는 점에서 그 위대함이 있다고 하겠다.

반데르발스의 가설에서부터 만들어진 식 (13)은 이상기체 상태방정식 보다는 실제기체의 행태를 더 잘 표현하지만, 아직도 모든 기체의 온도, 압력, 부피의 관계를 정확히 나타내지는 않는다. 그러므로 반데르발스 이후의 수많은 연구자들은 더 많은 종류의 기체에 적용할 수 있고, 또한 좀 더 폭넓은 온도, 압력의 범위에서 실제기체의 P, V, T 관계를 정확히 표현할 수 있는 상태방정식을 만들려고 노력하였다. 그 결과 van der Waals 방정식 이후로 나온 다른 3차 상태방정식들은 모두 식 (13)을 기본으로 하여 이 식의 형태를 조금씩 수정하여 만들어졌다. 따라서 열역학에서 3차 상태방정식의 역사는 van der Waals 방정식의 진화과정이라 해도 과언이 아니다.

1949년 미국의 레들리히Otto Redlich와 쾅J. N. S. Kwong은 van der Waals 상태 방정식을 수정하여 새로운 상태방정식을 만들었다. 현재 Redlich-Kwong 상태방정식이라고 불리는 이 식은 van der Waals 방정식을 수정하여 만들어졌으며, 이 방정식의 등장은 이상기체 식에서 van der Waals 방정식이 유도된 사실만큼 획기적인 것이었다. 1873년 van der Waals 방정식이 만들어진 다음 1949년 Redlich-Kwong 방정식이 등장하기까지, 그 사이에 제안된 상태방정식 수는 약 200개에 달한다고 한다. 그 대부분의 식은 van der Waals 식을 수정한 것이었는데, 그 중 Redlich-Kwong 방정식은 상태방정식 분야에 van der Waals 방정식만큼이나 중요한 기여를 했다고 평가되고 있다.

레들리히와 쾅이 제안한 식은 특정한 이론적 배경을 근거로 유도된 식이라기보다 다분히 경험적이고 실험적인 방정식이다. 그들은 애초에 액체로 된 성분은 배제하고, 기체 성분만을 묘사하는 식을 만들려고 하였다. 그리고 반데르발스가 사용한 실제기체의 분자 간 인력과 분자 자체의 부피에 대한 기본개념들을 그대로 사용하면서, 동시에 분자 간의 인력 항에 대해 수정을 가하였다. 그것은 분자 간의 인력이 기체의 부피뿐만 아니라 온도에도 영향을 받는다는 것이다. 그들은 실제기체 분자의 인력에 의한 압력의 감소량을 van der Waals 방정식에서 사용된 표현인 a/V^2 대신에 $a/T^{1/2}V(V+b)$로 대체하였다. 이 표현은 분자 간의 인력에 의한 압력의 감소량이, 기체가 담겨 있는 용기의 부피 V와 기체 분자 자체의 부피 b, 그리고 온도 T에 반비례한다는 개념에서부터 만들어졌다. 이 인력 항에 대하여, 레들리히와 쾅은 그들의 논문에서 어떠한 명확한 이론적 근거를 통한 것이 아니라 경험적인 방법을 통해 이 표현을 사용하였다고 기술하였다. 즉 압력의 감소량이 온도의 1/2제곱에 반비례한다는 사실과 V^2 대신에 $V(V+b)$ 항을 사용한 것은 상태방정식을 실험값에 좀 더 접근시키기 위한 경험적인 수단이었다. 그러므로 van der Waals 상태방정식에서부터 파생된 Redlich-Kwong 상태방정식은 van der Waals 방정식이 유도될 때와 마찬가지로 압력 × 부피 = 상수 × 온도의 관계를 그대로 적용시키면, 식 (13)과 유사하게 다음과 같이 표현된다.

$$\left(P+\frac{a}{T^{1/2}\,V(V+b)}\right)(V-b)=RT \tag{14}$$

Redlich-Kwong 상태방정식이 나온 이후로도 많은 연구자들은 이 식을 수정하여 좀 더 정확한 상태방정식을 만들고자 노력하였다. 사실 Redlich-Kwong 방정식은 역사적으로 다른 사람들에 의해 가장 많이 수정된 식으로 알려져 있다. 그 결과 약 150개의 유사 방정식이 등장했는데, 그 중에 가장 대표적인 것이 1972년 이탈리아의 스와브Giorgio Soave에 의해 제안된 Soave-Redlich-Kwong 상태방정식이다. 스와브는 Redlich-Kwong 방정식에서 사용된 분자 간의 인력에 따른 압력 감소량에 대한 표현에 수정을 가하였다. 그는 식 (14)의 $a/T^{1/2}V(V+b)$ 항에서 온도 의존성인 $T^{1/2}$를 다른 표현으로 바꾸었으며, 이때 새로운 인자를 도입하여 사용하였는데 그것이 바로 비중심 인자이다. Soave-Redlich-Kwong 상태방정식은 다음과 같다.

$$\left(P + \frac{a(T)}{V(V+b)}\right)(V-b) = RT \qquad (15)$$

$$a(T) = a'[1 + (0.480 + 1.574\omega - 0.176\omega^2)(1 - T_r^{1/2})]^2$$

식 (15)를 van der Waals 방정식인 식 (13)과 Redlich-Kwong 방정식인 식 (14)와 비교해 보면, 실제분자의 크기에 의한 반발력 항인 $(V-b)$는 변함이 없고, 분자 간의 인력 항만 변화된 것을 알 수 있다. Soave-Redlich-Kwong 식에서는 분자 간 인력에 따른 온도 의존 항을 또 다른 온도의 함수인 $a(T)$로 표현하였다. 그리고 $a(T)$에 대한 표현을 식 (15)와 같이 비중심 인자 ω와 환산온도 T_r의 함수로 나타내었다. 다시 말해 분자 간의 인력은 온도의 함수이며, 동시에 분자의 비구심성을 나타내는 비중심 인자에 영향을 받는다는 것이다. 비중심 인자에 대해서는 제19장에 설명되어 있다.

스와브가 제안한 식은 레들리히와 쾅이 만든 식과 마찬가지로 어떤 이론적인 근거를 바탕으로 하여 수학적으로 유도된 식은 아니다. 스와브가 제안한 식의 특징은 비중심 인자를 사용했다는 점이다. 스와브는 레들리히와 쾅이 식 (14)를 발표한 이후인 1955년에 만들어진 비중심 인자의 개념을 Redlich-Kwong 상태방정식에 접목하여 사용하였던 것이다. 스와브의 식은 석유화학공업이 번창하고 특히 석유파동으로 인해 석유정제공정에 대한 관심이 고조되던 시기인 1970대 중반에 등장하여, 화학공정에 사용되는 여러 가지 탄화수소의 물성과 상평형을 계산하는 프로그램에 널리 사용되었다.

그 이후 연구자들은 스와브의 식을 수정하여 좀 더 정확한 상태방정식을 만들고자 하였다. 그 중 1976년 캐나다의 펭Ding-Yu Peng과 로빈슨Donald Robinson은 식 (15)의 인력 항에 대한 표현을 변경함으로써 그 정확도를 향상시켰다. 이렇게 만들어진 식을 Peng-Robinson 상태방정식이라 부르는데, 현재도 여러 가지 공정모사 프로그램에는 Soave-Redlich-Kwong 방정식과 더불어 Peng-Robinson 상태방정식이 가장 널리 사용되고 있다.

지금까지 살펴본 van der Waals 상태방정식과 그와 유사한 3차 상태방정식들은 고전열역학에서 사용하는 상태방정식의 가장 기본적인 형태이다. 이 방정식들은 전통적인 화학공정에서 사용되는 성분들의 물성을 묘사하기에는 충분한 정확도를 가지고 있다. 그 외에 초고압 공정이나 거대분자를 포함한 용액의 물성 예측과 같은 특별한 경우에는 통계역학적 이론에 기반을 둔 상태방정식들이 사용된다.

결론적으로 3차 상태방정식의 발전은 이상기체 방정식에 실제기체 분자의 부피에 따른 반발력과 분자 간 인력의 온도 의존성을 추가함으로써 이루어졌다. 사실 3차 상태방정식은 열역학에서 사용되는 여러 상태방정식 중 일부에 속할 뿐이며, 그 사용 영역도 제한적일 때가 많다. 그러나 고전적인 3차 상태방정식은 그 사용의 간편성으로 인해 아직도 많은 실제적인 응용분야에서 널리 사용되고 있다. 현재까지 많은 연구자들은 더 정확하고 넓은 영역에서 사용할 수 있는 상태방정식을 개발하려고 노력하였지만, 어느 한 가지 상태방정식만을 사용하여 모든 물질의 물성과 상평형을 표현하는 것은 불가능하다. 그러므로 묘사하고자 하는 물질의 종류에 따라 적합한 상태방정식을 개발하거나 선정하는 일은 열역학의 중요한 과제 중의 하나이다.

Chapter 18

대응상태의 원리

Corresponding State Theorem

대응상태의 원리는 기체의 온도, 압력, 부피의 상관관계를 나타내는 상태방정식의 도입에서부터 유래된 하나의 가설이다. 여기서 대응상태 corresponding state란 단어를 좀 더 쉬운 말로 하면 동일한 상태, 즉 같은 상태라는 의미이다. 대응상태의 원리를 다른 말로 표현하면 물질의 상태가 같아지는 원리란 뜻이다. 교과서적인 대응상태 원리의 정의는 모든 물질이 같은 환산온도와 같은 환산압력하에 존재한다면 그 물질의 압축인자는 모두 동일하다는 것이다. 그렇다면 이 말이 무엇을 의미하는가를 살펴보자.

물질의 상태를 표현하는 데 사용되는 열역학적인 변수는 온도, 압력, 부피이다. 이 세 개의 변수를 알면 그 물질의 현재 상태가 액체인지 기체인지 알 수 있고, 또한 엔탈피와 같은 물성을 계산할 수 있다. 한편 이 세 변수를 조합해서 물질의 특성을 나타낼 수 있는 또 한 가지의 변수를 만든 것이 있는데, 그것이 바로 압축인자compressibility factor이다. 압축인자 Z는 다음과 같이 표현된다.

$$Z = \frac{PV}{RT} \tag{16}$$

압축인자는 실제기체가 이상기체로부터 얼마나 벗어나 있느냐의 척도를 나타낸다. 압축인자가 1이라는 것은 그 기체가 이상기체라는 말이고, 압축인자의 값이 1에서부터 벗어날수록 이상기체가 가지는 성질에서부터 멀어진다는 뜻이다.

일정한 온도와 압력에서 서로 다른 기체성분의 압축인자 값이 동일하다는 것은 그 기체 성분들의 1몰당 부피가 같다는 것을 의미한다. 이것을 식으로 표현하면 $V = ZRT/P$, 즉 일정한 온도와 압력하에 있는 여러 종류 물질의 압축인자가 같으면 그 1몰당 부피가 모두 동일하다는 것이다. 열역학에서 액체와 기체의 부피 값을 계산하기 위하여 여러 복잡한 상태방정식을 사용해야 한다는 관점에서 볼 때, 이 사실은 매우 간단하면서 중요한 의미를 가진다. 즉 물질의 압축인자를 알고 있으면 식 (16)에 의해 주어진 온도와 압력하에서 물질의 1몰당 부피를 바로 계산할 수 있는 것이다.

대응상태의 원리는 1873년 반데르발스가 그의 3차 상태방정식을 소개함과 동시에 도입된 개념이다. 즉 대응상태의 원리는 반데르발스가 창안한 것이다. 대응상태 원리의 기본개념은 물질의 온도, 압력, 부피를 그 물질의 고유 물성인 임계온도, 임계압력, 임계부피로 나눈 값인 환산온도 $T_r\,(= T/T_c)$, 환산압력 $P_r\,(= P/P_c)$, 환산부피 $V_r\,(= V/V_c)$로 치환한다는 사실에서부터 출발한다.

대응상태의 원리는 제17장에서 설명한 van der Waals 상태방정식을 이용하여 설명된다. 먼저 식 (13)의 온도, 압력, 부피의 항을 각각 환산온도, 환산압력, 환산부피의 항으로 표시하기 위하여 식 (13)에 $T= T_r T_c$, $P= P_r P_c$, $V= V_r V_c$를 각각 대입한다. 그리고 임계점에서 부피에 대한 압력의 1차 및 2차 도함수가 0이 되는 원리를 이용하여 구한 반데르발스 상수인 $a= 27R^2 T_c^2/64P_c$와 $b= RT_c/8P_c$를 같은 식에 대입하면, 결과적으로 식 (13)은 다음과 같은 방정식으로 변한다.

$$P_r = \frac{8\,T_r}{3\,V_r - 1} - \frac{3}{V_r^2} \tag{17}$$

이 식은 사용되는 변수만 환산된 값으로 변했을 뿐 van der Waals 상태방정식과 동일한 식이다. 결과적으로 식 (17)에서는 van der Waals 상태방정식에서 사용된 상수인 a, b가 소거되었으며, 따라서 이 식은 환산온도, 환산압력, 그리고 환산부피로만 구성되어 있음을 알 수 있다. 바로 이 식이 대응상태의 원리이다. 식 (17)의 표현에 따라 대응상태의 원리를 다시 설명하면, 모든 기체나 액체가 같은 환산온도 T_r과 환산압력 P_r하에 존재하면 그 물질의 환산부피 V_r은 모두 같게 되며, 따라서 그 압축인자도 동일해진다는 것이다. 이와 같이 대응상태의 원리는 van der Waals 상태방정식을 다른 말로 표현한 것일 뿐이며, 다만 물질의 임계온도와 임계압력을 새로운 변수로 추가하여 사용하였다는 것이다.

대응상태의 원리가 가지는 실제 계산상의 의미는, 물질의 임계온도와 임계압력 값을 알고 있을 때 물질의 부피를 식 (17)과 같은 상태방정식에 의해 계산할 수 있다는 것이다. 이와 같은 대응상태의 원리는 상태방정식 이외에 두 개의 변수, 즉 임계온도와 임계압력을 사용하므로 이 원리를 다른 말로 '두 변수 대응상태의 원리two-parameter corresponding state theorem'라고도 한다. 결국 대응상태의 원리는 물질의 온도, 압력, 부피가 상태방정식에 따라 변화한다는 사실에 근거한 가설이다.

여기서 van der Waals 상태방정식이 성립되는 원리를 다시 한번 생각해 보자. 이상기체 상태방정식에서 van der Waals 방정식이 만들어진 것은 분자의 실제 크기와 분자 상호간의 인력이 존재함을 고려한 결과였다. 그런데 이 방정식을 만들 때 세워졌던 가정은 개별 분자의 모양을 구형으로 간주하였다는 것이다. 그리고 분자 상호간에 작용하는 인력의 기준점은 구형 분자의 중심에 있다고 가정하였다. 다시 말해 두 개의 분자 간에 작용하는 힘은 각각의 구형 분자의 중심 간에 작용한다는 것이다. 상태방정식의 원리에 따르는 대응상태의 원리도 이러한 가정하에 성립된 이론이다. 그러나 실제기체 분자의 모양은 완전한 구형으로 존재하지 않으며, 상호 인력의 기준점도 분자의 중심에서 벗어나 있다. 그러므로 분자가 구형이라는 가정하에 세워진 상태방정식은 실제기체 분자의 모양이 구형에서 벗어날수록 그 정확도가 떨어지게 된다. 실제 한 예로 대응상태의 원리에 의해 계산된 기체의 부피와 실험에 의해 구해진 부피 값을 비교해 보면 약 15% 정도의 오차가 발생한다.

이와 같이 반데르발스의 이론에 근거한 대응상태의 원리는, 실제기체 분자 간의 인력이 분자의 중심에 있지 않다는 사실을 간과하였다. 따라서 이 부분을 보완하여 좀 더 정확하게 물질의 상태를 예측하기 위해 새로운 개념이 추가되었는데, 그것이 바로 비중심 인자이다.

비중심 인자

비중심 인자acentric factor란 용어는 1955년 캘리포니아 버클리대학의 케네스 피처Kenneth Pitzer에 의해 만들어졌다. 비중심acentric의 첫 알파벳 영문자 a는 not이라는 의미이며, 따라서 acentric이란 말은 a + center, 즉 '중심이 아닌'이라는 뜻이다. 이 용어는 편심 인자 혹은 이심 인자 등으로 불리나, 여기서는 좀 더 쉬운 표현인 비중심 인자라고 부르기로 한다.

피처는 반데르발스에서부터 유래한 대응상태의 원리가 실제기체의 행태를 정확히 예측하지 못하는 사실을 인식하였다. 따라서 그 정확성을 향상시키는 방법을 고안하였는데, 그때 사용된 것이 비중심 인자이다. 그는 먼저 대응상태의 원리를 잘 따르는 물질을 선정하였으며 아르곤Argon, 크립톤Krypton, 크세논Xenon, 메탄Methane 등이 그 물질이었다. 이 성분들의 물성을 대응상태의 원리로 정확히 예측할 수 있다는 사실은 이 성분들의 분자모양이 구형에 가깝고, 또한 분자 간 인력의 중심이 구형인 분자의 중심에 있다는 것을 의미한다. 피처는 이 성분들을 단순유체simple fluid라고 불렀다. 단순유체들이 대응상태의 원리에 잘 따른다는 사실을 다른 말로 표현하면, 단순유체의 온도, 압력, 부피의 상관관계는 대응상태의 원리에 사용되는 두 개의 변수인 그 성분의 임계온도와 임계압력 값만 알고 있으면 정확히 예측할 수 있다는 것이다.

그러나 단순유체를 제외한 다른 물질은 대응상태의 원리에 잘 따르지 않는다. 다시 말해 그 물질의 임계온도와 임계압력에 대한 정보만으로는 물질의 행태를 예측할 수 없다는 것이다. 그러므로 피처는 이 두 가지 변수 이외에 또 다른 변수를 추가할 필요성을 제기하였고, 그에 따라 도입된 것이 비중심 인자이다. 비중심 인자는 한마디로 단순유체 이외의 물질이 단순유체로부터 벗어난 정도를 나타내는 인자이다. 즉 분자의 모양이 구형이고 분자 상호간의 인력이 구형 분자의 중심에 위치하는 단순유체와는 달리, 일반유체는 분자가 구형이 아니고 인력의 중심이 분자의 중심에 위치하지 않는다는 사실이 비중심 인자란 단어를 탄생시켰다. 피처는 반데르발스가 고려하지 않았던 분자인력의 비중심성을 첨가하여 유체의 온도, 압력, 부피의 관계를 더 정확하게 나타내고자 하였던 것이다. 그러면 일반유체의 비중심성의 정도를 어떻게 구할 수 있었을까.

피처는 일반유체의 비중심성은 유체의 증기압과 관계가 있을 것이라고 생각하였다. 그는 주어진 온도에서 단순유체와 일반유체의 증기압을 비교하였으며, 온도변화에 따른 유체의 증기압을 측정하였고 그 관계를 그래프로 나타내었다. 여기서 온도와 증기압 P^{sat}을 각각 그 유체의 임계온도와 임계압력으로 나눈 환산온도 $T_r(= T/T_c)$과 환산증기압 $P_r^{sat}(= P^{sat}/P_c)$으로 표시하였다. 그리고 많은 유체의 환산온도와 환산증기압의 관계를 T_r^{-1}을 횡축으로, $\log P_r^{sat}$을 종축으로 나타낸 결과, 그 관계가 모두 선형적으로 나타남을 알았다. 또한 일정한 환산온도 T_r에서 환산증기압 값인 $\log P_r^{sat}$은 유체의 종류에 따라 모두 다르게 나타남을 보였다.

여기서 발견된 것이 바로 환산온도 값이 $T_r = 0.7$일 때 단순유체의 증기압은 $P_r^{sat} = 0.1$ 혹은 $\log P_r^{sat} = -1.0$이 된다는 사실이었다. 반면 단순유체가 아닌 유체의 증기압은 이 값과는 다르다는 것을 알았다. 이 사실에 근거하여 일반유체의 비중심 인자 ω는 주어진 일반유체의 증기압과 단순유체의 증기압의 차이에 의해서 다음과 같이 정의되었다.

$$\omega = -\log P_r^{sat} - 1.0 \qquad (18)$$

여기서 P_r^{sat}은 환산온도가 $T_r = 0.7$일 때 주어진 유체의 환산증기압이다. 따라서 단순유체일 경우 그 비중심 인자는 0이 되며, 단순유체에서부터 벗어나는 정도가 클수록 비중심 인자의 값은 증가하든 혹은 감소하든 그 절댓값은 0에서부터 멀어지게 된다.

단순유체와 일반유체의 차이점은 위에서 언급한 바와 같이, 유체의 분자가 구형이며 분자 상호간 인력의 중심이 분자의 중심에 위치하는가 아니면 그렇지 않는가의 여부를 나타낸다. 그렇다면 그 차이점을 나타내기 위해 유체의 증기압을 사용한 이유는 무엇인가.

유체의 증기압은 주어진 온도에서 액체가 기체상태로 변화할 때 그 기체상이 발휘하는 압력을 말한다. 액체상태에서는 유체의 분자가 가깝게 모여 있어 그 분자 상호간에 미치는 인력이 큰 반면, 액체가 증발한다는 것은 근접해 있던 분자들이 서로 멀리 떨어진 상태가 되어 분자 상호간의 인력이 크게 감소한다는 것을 의미한다. 증기압의 크기는 유체의 분자가 액체상태에서부터 기체상으로 이탈하려는 정도를 나타내는 척도이며, 따라서 증기압이 크다는 것은 액체상태에서 근접해 있던 분자가 서로 떨어지려고 하는 정도가 크다는 것을 의미한다. 그러므로 증기압의 크기는 분자 상호간의 인력을 직접적으로 반영하게 되며, 이와 같은 사실에 근거하여 단순유체와 일반유체의 차이점을 유체의 증기압을 이용하여 나타내게 되었다.

지금까지 여러 실험자들에 의해 구해진 다양한 유체의 비중심 인자의 값을 살펴보면, 먼저 단순유체인 아르곤, 크립톤, 크세논의 비중심 인자는 0이며, 분자량이 크고 분자구조가 복잡해질수록 비중심 인자의 값은 커짐을 알 수 있다. 예를 들어 이산화탄소는 0.22, 아세톤은 0.31, 에탄올은 0.63이다. 이 예를 보면 비중심 인자의 개념을 도입하게 된 동기가 유체의 비단순성을 나타내기 위한 것이라는 사실을 알 수 있다(분자의 비단순성은 이산화탄소 < 아세톤 < 에탄올의 순서로 커진다). 결과적으로 비중심 인자는 비교적 복잡한 유체의 온도, 압력, 부피의 상관관계를 나타내는 상태방정식을 만드는 데 도입되었는데, 1971년에 발표된 Soave-Redlich-Kwong 상태방정식에 비중심 인자가 도입되어 사용된 것이 그 대표적인 예이다.

Chapter 20

엔트로피

엔트로피는 열역학 개념 중 가장 신비스러운 개념이다. 엔트로피는 온도, 압력, 부피, 엔탈피와 함께 물질의 상태와 에너지를 표시하는 기본 도구이다. 그러나 엔트로피는 온도나 압력과 같이 기기를 사용하여 직접 측정할 수 있는 물성이 아니므로, 그 개념의 이해가 용이하지 않은 것이 사실이다. 엔트로피의 개념은 두 가지 서로 다른 관점인 고전열역학적 개념과 통계역학적 개념으로 나누어진다. 최초의 엔트로피 개념은 고전열역학적인 관점에 따라 정의되었고, 다음에 통계역학적 관점의 엔트로피 개념이 정립되었는데, 그 후에 이 두 가지 다른 관점에서 정의된 엔트로피 개념은 결국 동일하다는 것이 밝혀졌다.

엔트로피의 개념은 열역학 제1법칙을 정립한 독일의 물리학자 루돌프 클라우지우스가 창안하였다. 그는 제1법칙을 주창했던 때와 같은 시기인 1850년에 엔트로피의 개념을 고안하여 처음 사용하였으며, 그가 이 새로운 개념에 엔트로피라는 이름을 붙인 것은 조금 뒤늦은 1865년의 일이었다. 엔트로피entropy란 단어는 엔탈피enthalpy와 같이 그리스어에서 유래된 말로, '내부in'라는 뜻의 *en*과 '순환하다turn' 혹은 '변환하다transform'의 뜻인 *tropie*의 합성어이다. 이 어원에서부터 알 수 있듯이 클라우지우스는 순환 공정인 열기관에서 열과 일의 상호변환에 대하여 연구한 결과 엔트로피

Rudolf Clausius (1822~1888)

의 개념을 탄생시킨 것이다.

　이론 물리학자였던 클라우지우스는 자신보다 한 세대 앞서 살았던 프랑스의 카르노가 남겼던 열동력 기관에 대한 업적을 연구하였고, 카르노 사이클을 이론적으로 고찰하였다. 1850년 클라우지우스는 그 유명한 논문인 〈열의 동력에 대한 고찰〉에서 두 열원 사이에서 작동되는 카르노 사이클을 통하여 얻을 수 있는 최대의 일은, 열동력 기관에서 사용되는 유체(보통 수증기를 말함)의 종류에 관계없이 오직 두 열원의 온도에만 의존한다는 사실을 밝혔다. 그리고 유체의 온도, 압력, 부피가 반복적으로 변화하는 이 순환공정상에서 변하지 않고 일정한 값을 유지하는 어떤 양을 발견하였다고 기술하였다. 그 후 클라우지우스는 이 양을 엔트로피라고 명명하였다.

　클라우지우스는 다음과 같은 내용을 고찰하는 과정에서 엔트로피의 개념을 도출하게 되었다. 동력기관 내에 포함된 유체나 혹은 임의 물질의 상태를 상태 1에서 상태 2로 변화시키기 위해 열을 가하는 과정을 생각해 보자. 그림 12와 같이 물질의 온도를 T_1에서 T_2로 변화시키는 과정을 여러 가지 다른 경로를 거쳐 진행시킨다고 하자. 물질의 온도가 T_1에서 T_2로 변화하는 도중에는 임의의 다른 온도인 T_3나 T_4를 경유할 수도 있다. 여기서 T_3와 T_4는 T_1과 T_2보다 높을 수도 있고 낮을 수도 있다. 이때 물질이 T_1에서 원하는 온도인 T_2에 도달하기까지 물질에 가해주거나 제거해주는 열량은 어떤 경로를 거치느냐에 따라 모두 다르게 된다. 즉 각 경로에 따라 출입한 열량인 Q_{12}, Q_3, Q_4의 값이 모두 틀리다는 것이다. 이 말을 다르게 표현하면 열은 경로함수라는 말과 같다. 여기서 서로 다른 경로일 때 출입한 열량인 Q_{12}, Q_3, Q_4를 하나의 일반적인 수학적 표현으로 나타내면 $\int_1^2 dQ$와 같이 쓸 수 있다. 이 적분은 물질이 상태 1에서 상태 2로 변화할 때 출입한 열량을 일반적으로 나타내고 있다. 따라서 이 적분값은 초기와 말기 상태가 같더라도 거친 경로에 따라 각각 Q_{12},

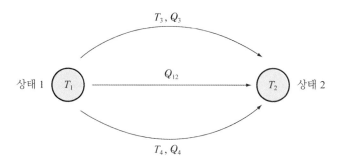

그림 12 경로에 따라 출입한 열량

Q_3, Q_4와 같이 다른 값을 가지게 되는 것이다.

이와 같이 물질이 상태 1에서 상태 2로 변화하기 위해 거치는 경로는 유일하지 않고 무수히 많이 존재할 수 있다. 그리고 그 경로에 따라 물질로 전달 혹은 방출되는 열량은 모두 다르다. 그러므로 어떤 주어진 상태, 예를 들어 그림 12의 상태 2에 있는 물질에 지금까지 출입한 열량이 얼마인가 하는 질문은 의미가 없어지는 것이다. 왜냐하면 이 물질이 상태 1에서부터 상태 2에 도달할 때까지 어떤 경로를 거쳤는지 모르기 때문이다.

클라우지우스는 이와 같이 물질의 상태가 변화할 때, 그 변화하는 경로에 따라 출입하는 열량이 달라진다는 사실에 대하여 고찰하였다. 그 결과 클라우지우스는 물질의 상태가 변화하는 경로에 관계없이 항상 일정한 값을 가지는 양이 있다는 사실을 발견하였다. 즉 그는 물질의 상태가 상태 1에서 상태 2로 변화될 때 $\int_1^2 dQ/T$의 값은 경로에 관계없이 일정하다는 사실을 알았던 것이다. 이 적분을 말로 표현하면 다음과 같다. 상태 1에 있는 물질에 열을 가하여 물질의 온도가 상승하는 과정에서 이 적분값이 나타내는 것은, 상태 1에서 상태 2까지 열이 전달되는 과정을 미소 구간으로 나눈 다음, 한 구간에서 전달된 미소량의 열을 그 순간의 절대온도로 나누고(dQ/T), 그 값들을 총 구간에 걸쳐 모두 합친 값이 된다. 열이 전달되는 과정을 미소 구간으로 나누었다는 말은 그 과정이 가역과정이란 말과 같다. 클라우지우스는 물질이 상태 1에서 상태 2로 변할 때, 그 과정이 가역과정이라면 이 적분값이 경로에 관계없이 모두 일정하다는 사실을 밝혀내었던 것이다.

그러므로 그림 12에서와 같이 초기와 말기상태만 같으면 $\int_1^2 dQ/T$ 값은 경로에 관계없이 동일하게 된다. 따라서 이 적분값은 최종적인 물질의 상태, 즉 온도, 압력, 부피가 정해지면 그 물질이 어떤 과정을 거쳐 그 상태에 도달했는가에 관계없이 항상 일정한 값을 가지게 된다. 그러므로 어떤 물질이 주어진 상태에서부터 열이 출입하여 임의의 변화과정(가역과정)을 거친 다음 다시 원상태로 돌아온다면, 이 적분값은 0이 되는 것이다. 이것을 식으로 나타내면 다음과 같다.

$$\oint \frac{dQ}{T} = 0 \tag{19}$$

클라우지우스는 카르노 사이클이라는 가역순환 공정에 대하여 고찰하면서 식 (19)의 관계를 도출하였다. 카르노 사이클은 고온의 열원에서 열을 받아 동력을 발생시킨 다음, 저온에 있는 외부로 열을 방출시키는 원리로 작동된다. 카르노 사이클에 사용되는 유체는 초기상태에서부터 압축, 팽창 등을 거친 다음 원상태로 되돌아오는 순환과정을 되풀이한다. 클라우지우스는 이 순환과정이 일어날 때, 동력기관에 사용되는 유체와 열이 공급되는 열원 그리고 열이 방출되는 외부 모두를 합친 계에 대하여 식 (19)가 성립한다는 사실을 규명하였다. 클라우지우스는 그가 고찰하였던 카르노 사이클의 순환과정과 열원에서 열이 공급되고 또한 방출되는 과정 모두를 가역과정으로 생각하였다. 그러므로 어떤 과정이든 그 과정이 가역과정이라면, 계와 외계 전체에 대하여 항상 식 (19)가 성립한다고 할 수 있다.

클라우지우스는 dQ/T라는 양을 물질이 갖는 일종의 물성으로 간주하였다. 다시 말해 그는 물질이 가진 어떤 물성의 미분형을 dQ/T라고 간주하였으며, 그 물성을 엔트로피라고 이름 지었다. 따라서 엔트로피 S는 다음과 같이 정의되었다.

$$dS = \frac{dQ}{T} \qquad (20)$$

엔트로피의 정의가 식 (20)과 같이 미분형으로 표현되는 이유는, 전술한 바와 같이 엔트로피의 개념이 클라우지우스에 의해 최초로 고안될 때 전달되는 열량을 미소량(미분량)으로 나타내었기 때문이다.

엔트로피는 물질이 갖는 물성이다. 엔트로피는 물질의 상태가 정해지면 항상 정해진 값을 가지는 엔탈피나 깁스에너지 같은 물질의 고유 성질이다. 특정한 온도와 압력하에서 어떤 물질이 가지는 부피나 엔탈피의 값 등이 정해지듯이 엔트로피도 그 값이 정해져 있다. 그렇다면 그 엔트로피의 값은 어떻게 결정하는가. 엔트로피의 값을 결정하는 방법은 엔탈피의 값을 정하는 방법과 같다. 제8장에서 설명한 바와 같이 엔탈피의 절댓값은 애초에 정해진 값이 아니라 어떤 약속된 상태에서 기준값을 정한 다음, 그 값으로부터의 변화량을 계산하여 엔탈피의 절댓값을 결정한다고 하였다. 엔트로피도 마찬가지이다. 엔트로피의 정의식인 식 (20)은 엔트로피의 변화량을 나타내며, 이 식으로부터 엔트로피의 절댓값을 구할 수 있다.

엔트로피의 절댓값을 결정하기 위해서는 그 값을 미리 정해놓은 기준점이 필요하다. 열역학에서는 이 점을 절대온도가 0인 지점으로 정하고, 그때 물질이 갖는 엔트로피의 값을 0으로 설정하였다. 그리고 절대온도 0에서부터 임의의 온도 T까지 식 (20)을 적분한 값이 절대온도 T에서 그 물질의 엔트로피가 되는 것이다. 이것을 식으로 쓰면 다음과 같다.

$$S = \int_0^T \frac{dQ}{T} \qquad (21)$$

식 (21)을 풀어서 설명하면 다음과 같다. 절대온도 0에 존재하는 물질에 열이 전달되어 절대온도 T까지 도달하는 과정에서, 그 전달되는 열량을 무한히 작은 미소량으로 나누고, 각 미소열량을 그 열이 전달되는 순간의 온도로 나눈 다음, 그 값들을 모두 합친 것이 절대온도 T에서의 엔트로피가 된다. 그리고 엔트로피는 그 물질이 어떤 경로를 통하여 온도 T에 도달했는지에 관계없이 최종 온도만 같으면 항상 동일한 값을 가지게 된다. 이것이 고전열역학적 관점에서 엔트로피의 정의이다.

여기서 강조해야 하는 사실은 위의 엔트로피에 대한 정의가 열이 전달되는 과정이 모두 가역과정일 때만 성립한다는 것이다. 가역과정이 아닐 때 식 (20)의 dS는 dQ/T와 같지 않다. 즉 일어나는 공정 자체가 무한히 천천히 일어나는 가역과정일 때만 엔트로피의 정의가 성립한다는 것이다. 이 사실을 상기하면, 과연 엔트로피의 값을 구한다는 것이 어떻게 현실적으로 가능할까 하는 생각을 할 수 있다. 왜냐하면 실제적으로 일어나는 자연현상은 모두 비가역과정이며, 열전달을 무한히 천천히 일어나게 하는 가역과정으로 만드는 것은 현실적으로 불가능하기 때문이다. 그러나 엔트로피는 현재 물질이 가지고 있는 온도, 압력과 같은 조건만 정해지면 그 값이 결정되는 상태함수이다. 다시 말해 물질이 그 상태에 도달하는 경로에 관계없이 최종 상태만 같으면 항상 동일한 엔트로피 값을 가진다. 예를 들어 그림 12에서와 같이 물질이 상태 1에서 상태 2까지 변하는 과정에서, 그 과정이 가역이든 비가역이든 간에 그 변화에 수반되는 물질의 엔트로피 변화량은 동일하게 되는 것이다. 그러므로 어떤 상태변화가 일어날 때 수반되는 엔트로피의 변화량은 그 변화가 가역과정이 아니라도 계산할 수 있다.

엔트로피는 물질이 어떤 경로를 거쳐 현재의 상태에 도달했느냐에 관계없이 현재의 상태만 결정되면 그 값이 정해지는 상태함수이다. 그렇다면 여기서 임의의 온도 T에서 어떤 물질이 갖는 고유의 엔트로피 값이 얼마인가 하는 질문을 할 수 있다. 그러나 이 질문에는 쉽게 대답할 수가 없다. 왜냐하면 절대온도 0에서부터 식 (21)을 적분한다는 것은 현실적으로 불가능하기 때문이다. 엔트로피에 대한 정의는 위와 같은 개념적인 과정을 통해 정립되었지만, 그 산술적인 값은 엔탈피를 결정할 때와 같이 임의의 기준점을 설정한 다음 그 기준점에 대한 상대적인 값으로 부여된다. 예를 들어 순수한 액체인 물의 엔탈피는 물의 삼중점에서의 온도 0.01℃, 압력 0.006 bar에서 0.0 J/g의 값을 갖도록 약속하였다. 엔트로피의 절댓값도 이와 마찬가지로 기준점에서 약속된 값을 사용하게 된다. 물의 경우 엔트로피 값은 엔탈피와 같이 물의 삼중점에서 액체 물의 엔트로피가 0.0 J/g℃의 값을 갖도록 약속하였다. 그리고 물의 온도와 압력이 변화하면 삼중점에서의 엔트로피 값으로부터 엔트로피의 변화량을 계산한 다음 그 기준값과의 차이로부터 엔트로피의 절댓값을 구하게 된다.

고전열역학에서 관심의 대상이 되는 것은 엔트로피의 절댓값이 아니라 물질의 상태변화에 수반되는 엔트로피의 변화량이다. 동력기관에서 일어나는 현상을 비롯한 자연에서 발생하는 물리·화학적인 변화에 따른 엔트로피의 변화량은 그 현상의 비가역성을 나타낸다. 만일 일어나는 현상에 수반되는 온 우주의 엔트로피 변화량이 0이라면 그 과정은 가역과정이다. 다시 말해 그 과정을 원상태로 되돌리기 위해서 추가적인 에너지를 공급할 필요가 없는 이상적인 과정이란 말이다. 엔트로피 변화량이 양수라는 것은 그 과정이 비가역과정이라는 뜻이며, 엔트로피의 변화량이 클수록 비가역의 정도가 크다는 것을 의미한다. 비가역성이 크다는 것은 어떤 과정이 일어난 후, 다시 그 과정을 일어나기 전과 동일한 상태로 되돌릴 때 필요한 에너지가 크다는 것을 의미한다. 그러므로 어떤 과정이 일어났을 때 증가되는 엔트로피의 양은 그 과정을 원상회복시키는 데 필요로 하는 에너지의 크기에 정비례하게 된다.

또한 엔트로피의 변화량은 손실된 에너지를 나타낸다. 우리는 열동력기관을 구동할 때 공급된 열량을 모두 일로 전환시킨다는 것은 불가능하다는 사실을 알고 있다. 동력기관은 열원으로부터 열을 공급받아 동력으로 전환시킨 후 항상 그 일부의 열을 대기로 배출하게 된다. 다시 말해 현재 인류가 사용하고 있는 모든 종류의 기관들은 외부로부터 열에너지를 받아 목적하는 동력을 얻은 후, 반드시 일정량의 물질과 열을 외부로 방출하게 된다. 기관의 종류에 따라 배출되는 물질의 종류와 상태가 모두 다르겠지만, 그 배출되는 물질이 절대온도 0에 있지 않은 한 반드시 일정량의 에너지를 포함하고 있다. 이 방출된 에너지는 일로 전환되지 못한 손실된 에너지가 되는 것이다. 모든 동력기관은 이 에너지를 대기로 방출하는데, 대기의 양은 거의 무한대이기 때문에 대기의 온도는 이 에너지의 방출로 인해 거의 영향을 받지 않고 일정하게 유지된다고 볼 수 있다. 이때 기관의 작동으로 인하여 손실되는 에너지의 양 Q는 그때 발생되는 엔트로피의 변화량 ΔS에 정비례하게 된다. 그 관계는 $Q = T_o \Delta S$로 나타나는데, 여기서 T_o는 일정하게 유지되는 대기의 온도이다. 이와 같이 임의의 과정이 일어날 때 수반되는 엔트로피의 변화량이란 그 과정이 수행됨으로써 무효화(손실)되는 에너지를 나타낸다. 즉 엔트로피 변화량이 클수록 그 과정에 투입되는 에너지 중 유용하게 사용되지 못하고 쓸모없이 되는 에너지의 비율이 높다는 것이다.

전술한 바와 같이 엔트로피는 고전열역학과 통계역학 두 관점에서 각각 다르게 정의된다. 엔트로피의 고전열역학적 정의는 식 (20)과 같이 거시적인 관점에서 이루어졌다. 다시 말해 주어진 계에 전달되는 열량과 그때의 온도 등을 고려하여 엔트로피라는 물리량이 정의되었다. 반면 엔트로피의 통계역학적 정의는 그 개념이 완전히 다르다. 통계역학은 물질을 미시적인 관점, 즉 물질을 구성하는 분자들의 개별적인 운동과 그 개별 입자들이 보유하는 에너지 등을 연구하는 분야이다. 통계역학적인 엔트로피는 한마디로 물질의 구성 분자들이 분포할 수 있는 경우의 수 혹은 분포할 수 있는 확률을 말한다. 예를 들어 어떤 물질이 절대온도 0에서 완벽한 결정상태(분자들이 완전히 규칙적으로 배열된 상태)에 있다면, 이렇게 분자들이 분포할 수 있는 경우는 단 1회 밖에 없을 것이고, 따라서 이 상태에서는 물질의 엔트로피가 최소의 값을 가지게 된다. 여기서 물질의 온도가 상승하여 고체 결정으로 있던 물질이 녹아 액체상태로 되면, 규칙적으로 배열되었던 분자들이 좀 더 자유롭게 이동하여 불규칙적으로 될 것이다. 이렇게 되면 분자들이 배열할 수 있는 경우의 수가 증가하고, 따라서 엔트로피도 증가하게 된다. 이와 같이 엔트로피는 분자들이 얼마나 불규칙적으로 혹은 무질서하게 존재하는가의 척도를 나타낸다. 그러므로 엔트로피를 다른 말로 무질서도라고 표현하기도 한다.

이러한 통계역학적인 엔트로피의 의미는 고전열역학적 개념인 비가역성과 결국은 같은 뜻을 가진다. 다음의 경우를 생각해 보자. 같은 종류의 기체가 두 개의 온도가 다른 용기에 각각 담겨 있다. 이때 두 용기가 접촉하면 온도가 높은 용기에서 낮은 쪽으로 열이 전달되어 결국 두 용기의 온도는 같게 될 것이다. 여기서 다시 한 용기의 온도를 높게, 다른 하나는 그보다 낮게 되는 일은 결코 저절로 일어나지 않는다. 그렇게 만들려면 반드시 외부에서 한 용기의 열을 강제적으로 다른 용기로 이동시키는 추가적인 일이 가해져야 한다. 즉 이 열이 전달되는 과정을 원상회복시키려면 외부에서 공급하는 별도의 에너지가 필요하다는 것이다. 이 말을 고전열역학적으로 표현하면, 두 용기 사이에 열이 이동하는 과정은 비가역적 과정이란 말이 된다.

한편 통계역학적인 관점에서 보면, 온도가 높은 용기에 담겨 있는 분자들은 그 운동속도가 빠르며 또한 개별 분자들이 높은 운동에너지를 보유하고 있다. 반면 온도가 낮은 용기에는 속도가 느린 분자들이 들어 있다. 즉 두 가지 다른 속도를 가진 분자들이 나뉘어 분포되어 있는 것이다. 다시 말해 성격이 다른 분자들이 각각 구분되어 있으면서 어느 정도의 질서를 가지고 배열되어 있는 상태에 있는 것이다. 여기서 두 용기 사이에 열이 이동하여 두 기체의 온도가 동일해지면, 빠른 분자의 속도는 느려지고 느린 분자의 속도는 빨라져 결국 빠른 분자와 느린 분자가 무작위로 혼합될 것이다. 이렇게 되면 두 용기에 담긴 모든 분자의 성격이 비슷해져 모든 분자들은 열이 전달되기 전에 비해 더 무질서한 상태로 배열된다. 또한 이렇게 배열되는 경우의 수도 증가할 것이다. 이 말을 통계역학적으로 표현하면, 두 용기 사이에 열이 이동하는 과정은 분자들이 더 무질서해지는 과정이란 말이 된다.

이와 같이 열이 이동하는 현상을 고전열역학적으로는 비가역과정, 통계역학적으로는 무질서도가 증가하는 과정이라고 표현하였다. 그리고 이 두 표현을 한마디로 나타내면 엔트로피가 증가하는 과정이라고 하는 것이다.

엔트로피의 개념은 동력기관에 대한 클라우지우스의 고전열역학적 고찰에 의해 태동되었다. 그 후 엔트로피의 개념은 볼츠만, 플랑크, 루이스와 같은 물리학자들에 의해 통계역학적 관점에서 다시 정의되었다. 그리고 결국 이 두 가지 관점에서 정의된 엔트로피의 개념은 완전히 일치한다는 것이 입증된 것이다. 나아가 통계역학적 관점의 엔트로피 개념은 사회과학적 현상인 인간 사회의 무질서와 혼돈에 대한 현상을 설명하는 데 유용하게 사용되고 있다.

Chapter 21

열역학
제2법칙

열역학 제2법칙에 대한 개념은 동시대 인물인 클라우지우스와 켈빈, 그리고 이들보다 약 30년 후에 살았던 플랑크에 의해 정립되었다. 이 세 사람은 열과 일 사이의 전환관계를 고찰한 결과 각각 다른 표현으로 그 관계를 기술하였다. 1850년 클라우지우스는 '열이 저절로 낮은 온도에서부터 높은 온도로 흐르는 일은 결코 일어나지 않는다'라고 하였다. 그리고 켈빈은 '고온의 열원에서 열을 공급받아 그 모두를 일로 전환하면서, 동시에 우주의 어떤 변화도 초래하지 않는다는 것은 불가능하다'라고 기술하였다. 또한 플랑크는 '하나의 열원으로부터 열을 이동시켜 그 열량과 동일한 일을 수행하게 하는 순환공정은 존재하지 않는다'라고 하였다. 이 세 가지의 진술은 결국 같은 의미를 가지는데, 이 진술들이 바로 열역학 제2법칙이라고 불려진 것이다.

열역학 제1법칙과 제2법칙은 거의 같은 시기에 정립되었다. 그 시대 과학자들은 모두 열과 일 사이의 상호관계를 규명하고, 주어진 열에너지를 이용하여 동력기관을 운전함으로써 얼마만큼의 유용한 일을 얻을 수 있는가에 관심이 있었다. 그러므로 열을 더 유용한 에너지의 형태인 일, 즉 동력으로 전환시키는 데 따른 일종의 한계를 규정하고자 했던 것이다. 과학자들의 연구결과는 우선 우주의 에너지는 보존된다는 열역학 제1법칙으로 귀결되었다. 제1법칙은 내부에너지의 개념이 정립됨으로써 가능하였지만, 열과 일의 전환과정을 이 법칙만으로 설명하기에는 충분하지 않음을 알았다. 예를 들어 우주를 하나의 고립된 계라고 했을 때, 제1법칙에 의하면 그 안에서 열을 이용하여 일을 발생시키더라도 그 총 에너지는 변하지 않고 일정하게 유지된다. 다시 말해 어떤 종류의 일이 발생하더라도 고립계의 총 내부에너지는 일정하다는 것이다. 그러므로 내부에너지의 개념, 즉 제1법칙만으로는 우주에서 어떤 현상이 발생할 수 있을지 아니면 그렇지 않을지에 대한 정보를 전혀 얻을 수가 없다. 다시 말해 제1법칙은 어떤 과정의 방향성을 제시해 주지는 못한다는 것이다.

열역학 제2법칙은 우주에서 발생할 수 있는 자연적 그리고 인위적 현상이 실제로 일어나는 방향을 규정하는 법칙이다. 예를 들어 제6장의 그림 3에 나타난 줄의 실험을 생각해 보자. 이 실험은 물이 담긴 용기 내에 회전날개가 장착되어 있으며, 그 회전축과 연결된 물체가 바닥으로 낙하함에 따라 날개가 회전하고, 따라서 물의 온도가 상승한다는 내용이다. 이 경우 물과 용기, 그리고 낙하하는 물체 모두를 계로 생각하면, 물체가 낙하하고 물의 온도가 상승하더라도 계의 총 에너지는 변화하지 않는다. 다시 말해 우주의 총 에너지는 일정하게 유지되며, 열역학 제1법칙이 성립하는 것이다. 그렇다면 여기서 온도가 높아졌던 물을 원상태로 냉각시킴으로써 낙하한 물체를 다시 원래의 위치로 상승시킬 수 있을까. 물에서 열이 외부로 이동하여 온도가 낮아진다 하더라도 우주의 총 에너지는 변화하지 않는다. 즉 이때도 열역학 제1법칙은 성립한다. 그러나 물의 온도를 내려도 바닥에 있는 물체는 결코 본래의 위치로 상승하지 않는다. 그 이유는 이 과정이 열역학 제1법칙에는 위배되지 않지만, 열역학 제2법칙에는 위배되기 때문이다.

만일 용기에 담긴 물의 온도를 내려 그때 방출된 열을 이용하여 다른 임의의 기구를 작동시키고, 이 힘으로 바닥에 있는 물체를 들어 올린다면 어느 정도까지는 상승하게 할 수 있을 것이다. 그러나 이 열에너지만을 이용하여 물체를 완전히 원위치시키는 일은 불가능하다. 이 현상을 열역학 제2법칙을 빌어 표현하면, 열을 완전히 일로 전환시킨다는 것은 불가능하다는 말과 같다. 예를 들어 열을 이용하여 일을 얻는 동력기관을 생각해 보자. 카르노 사이클과 같은 동력기관은 항상 고온에서 열을 공급받아 동력을 발생시킨 다음 저온으로 열을 방출하게 된다. 다시 말해 공급된 열 중 동력으로 전환되지 않고 외부로 폐기되는 열이 반드시 존재하게 된다. 그러므로 일로 전환되는 열은 공급된 열의 일부에 지나지 않는 것이다.

줄의 실험에서 물체가 하락하는 과정은 일이 공급되어 열이 발생되는 과정이며, 이때 공급된 일은 전량 열로 변화하게 된다. 여기서 물체를 원위치로 상승시키기 위해서는 애초에 공급된 동력과 동일한 일을 발생시켜야 한다. 그러나 물에 포함되어 있는 열을 전량 일로 바꿀 수는 없다는 것이 열역학 제2법칙이며, 따라서 이 역과정은 일어날 수 없다. 이와 같이 열역학 제2법칙은 어떤 현상이 일어나는 방향성을 제시해 주는 법칙이다.

변화가 일어나는 방향성에 대한 예를 들어 보자. 만일 뜨거운 물체와 차가운 물체가 접촉하면 어떻게 될까. 당연히 뜨거운 물체에서 차가운 물체로 열이 이동하여 결국 두 물체의 온도는 같게 될 것이다. 이 현상은 저절로 일어나는 자발적 현상이며 이때의 변화는 고온의 물체가 냉각되는 방향으로 일어난다. 그러나 그 역방향, 즉 온도가 같아진 두 물체에서 열이 이동하여 한 물체는 뜨거워지고 다른 물체는 차가워지는 현상은 결코 저절로 일어나지 않는다. 즉 이 변화는 자발적으로 일어날 수 없는 방향이다. 또 다른 예로 물에 물감 한 방울이 떨어졌다고 하자. 초기에는 물속에서 물감이 떨어진 그 부분만 물감의 농도가 높겠지만, 시간이 갈수록 물감은 저절로 확산하여 물 전체에 균일하게 분포하게 될 것이다. 그러나 역으로 물속에 골고루 퍼진 물감 분자가 물속의 어느 특정한 부분으로 다시 모여 고농도로 농축되는 일은 결코 저절로 일어나지 않을 것이다. 이 변화 또한 자발적으로 일어날 수 없는 방향이다.

이와 같이 세상에 어떤 변화가 일어날 때는 항상 그 방향이 정해져 있는데, 그 방향이란 그 변화가 끝나는 최종 상태를 말한다. 그리고 이 최종 상태에 도달한 후에는 그 변화의 반대 방향으로 저절로 되돌아가지 않는다는 것이다. 이것을 달리 표현하면 이 세상의 변화는 모두 비가역과정이란 말이 된다. 이 세상에서 비가역과정이 일어날 때, 우주의 에너지는 일정하다는 열역학 제1법칙이 성립된다. 그러나 비가역과정이 일어나면 그때 출입하는 에너지의 일부는 쓸모없는 형태로 변하게 된다. 온도의 차이 때문에 이동하는 열이나, 물감이 확산하는 현상을 이용하여 외부로 어떤 종류의 일을 해 줄 수는 있으나 그 에너지 전부를 일로 전환시킬 수는 없으며, 이 변화의 진행이 모두 완료된 후에는 그 어떤 유용한 일도 얻을 수 없다. 즉 에너지의 일부가 무용하게 되는 것이다. 이러한 변화의 진행

방향을 규정해 주는 원리가 바로 열역학 제2법칙이다.

열역학 제2법칙을 한마디로 표현하면, 자발적으로 일어나는 비가역과정을 스스로 원상태로 되돌릴 수 없다는 것이다. 그러면 비가역과정이 일어난다는 것을 어떻게 해석하면 될까. 비가역과정이 일어난다는 것은, 어떤 현상이 발생될 확률이 낮은 쪽에서 높은 쪽으로 이동한다는 것을 말한다. 예를 들어 두 용기에 각각 순수한 산소와 질소가 들어 있다고 하자. 이 두 용기를 관으로 연결하면 자연적으로 두 기체는 상호 확산하여 완전히 혼합될 것이다. 이 혼합물상에서 두 종류의 분자들은 무작위로 질서없이 배열될 것이다. 그리고 각 성분의 분자들은 계속 운동하기 때문에 혼합물상에 두 종류의 분자들이 배열하는 방법은 계속해서 변화할 것이다. 결국 분자들이 이렇게 무질서하게 배열될 확률은 매우 크게 된다. 반면 두 성분이 혼합되기 전에는 같은 종류의 분자들끼리만 모여 있어 어느 정도의 질서를 가지고 배열한 상태가 되며, 이렇게 질서 있게 배열될 확률은 무작위로 배열될 확률에 비해 작다. 따라서 두 성분의 배열은 확률이 낮은 쪽에서 높은 쪽으로 이동하게 되는데, 이 현상이 바로 두 성분의 혼합인 것이다. 즉 두 성분이 혼합되는 과정은 비가역과정이 된다. 열역학 제2법칙은 이렇게 두 성분이 혼합된 상태가 스스로 분리된 상태로 되돌아가지 않는다는 것을 말해준다.

열역학 제2법칙은 클라우지우스, 켈빈, 플랑크 등의 공동 연구로 인해 정립되었다. 전술한 바와 같이 그들은 열역학 제2법칙을 세 가지 다른 말로 표현하였는데, 이 세 가지 진술에 공통적으로 포함된 의미가 바로 비가역과정이 스스로 원상태로 복귀하지 못한다는 것이다. 그러면 그들이 제2법칙을 도출한 동기를 제공한 것은 무엇이었을까. 그것은 1824년 카르노가 28세 때 남긴 카르노 사이클에 대한 업적이었다. 그들은 카르노 사이클을 연구하는 과정에서 열역학 제2법칙을 정립하였던 것이다.

카르노 사이클은 널리 알려진 바와 같이 열을 이용하여 일을 수행하는 이상적인 가역공정이다. 이 공정은 피스톤과 실린더로 구성되어 있고, 실린더 내부에 유체가 포함되어 있다. 이 유체는 고온에서 열을 받아 팽창과 압축과정을 거쳐 일을 수행하고 또한 저온으로 일정량의 열을 방출하여 원상태로 돌아오는 순환공정을 거친다. 그러므로 카르노 사이클은 공급된 열을 전량 일로 전환시킬 수는 없으며, 반드시 일부의 열을 외부로 폐기해야만 한다. 한편 공급된 열을 모두 일로 바꾸는 장치를 상상할 수는 있다. 예를 들어 무한대로 길고 마찰이 전혀 없는 실린더와 피스톤 장치를 생각한다면, 여기서는 열이 공급되고 그에 따라 피스톤이 계속 상승만 하면서 일을 연속해서 발생시킬 수 있을 것이다. 그러나 이러한 장치는 현실적으로 불가능하며, 따라서 동력장치는 반드시 초기의 상태로 돌아오는 순환공정이 되어야 한다. 카르노 사이클은 바로 이러한 순환공정을 가진 동력 장치로서 동력기관 중 가장 높은 효율을 가진 기관이다.

카르노 사이클에서는 열의 일부만 일로 전환시킬 수 있다. 그렇다면 여기서 공급된 열 중 일로 전환되는 효율을 계산할 필요가 생기는데, 카르노는 이 동력기관의 열효율이 오직 열을 공급받는 온도와 열을 폐기하는 온도에만 의존한다는 것을 발견하였다. 그리고 고온에서 공급받는 열량과 그 온도(고온)의 비(Q_H/T_H), 그리고 저온으로 방출하는 열량과 그 온도(저온)의 비(Q_C/T_C)는 동일하다는 결론에 도달하였던 것이다. 따라서 이것을 식으로 쓰면 다음과 같이 된다.

$$\frac{Q_H}{T_H} - \frac{Q_C}{T_C} = 0 \tag{22}$$

즉 카르노 사이클의 순환공정상에서 위의 관계가 성립한다는 것이다. 식 (22)는 바로 제20장에서 설명했던 엔트로피의 개념이 만들어진 동기를 제공한 관계식이며, 이 식을 달리 표현하면 제20장의 식 (19)와 같이 된다.

$$\oint \frac{dQ}{T} = 0 \tag{19}$$

이 식은 카르노 사이클을 구성하는 피스톤과 실린더, 그 내부에 포함된 유체, 그리고 열이 공급되고 폐기되는 부분 모두를 포함한 계에 대하여 성립한다. 다시 말해 카르노 사이클이 작동되고 있는 온 우주에 대하여 성립한다는 것이다.

가역과정인 카르노 사이클에 대한 고찰과 그에 따른 열역학 제2법칙의 도출은 결국 엔트로피의 개념을 탄생시키게 된 것이다. 가역과정이 일어날 때 성립하는 식 (19)를 엔트로피의 표현으로 다시 쓰면 다음과 같이 된다.

$$\Delta S_{Total} = 0 \tag{23}$$

즉 가역과정이 일어날 때, 우주의 엔트로피 변화는 없다는 것이다. 우주를 하나의 계로 정하면, 그 안에서 어떤 현상이 벌어지더라도 그 과정은 단열과정이 된다. 그리고 우주 내에서 일어나는 어떤 변화가 가역과정이라면, 그 변화에 수반되는 우주의 엔트로피는 일정하게 유지된다. 우주는 하나의 고립계이다. 그러므로 고립계에서 가역과정이 일어날 경우, 그 계의 엔트로피 변화는 없다. 카르노 사이클이 작동되는 경우 계를 열이 공급되는 부분과 동력기관 자체, 그리고 열이 방출되는 부분 모두로 정하면, 이 계는 고립계가 되며, 이 계에서 가역과정인 카르노 사이클이 수행될 때 계 전체의 엔트로피는 변하지 않고 일정하게 유지되는 것이다. 그렇다면 계 내부에서 비가역과정이 수행될 때는 어떻게 되는가.

앞에서도 언급했듯이 비가역과정의 예를 들면 다음과 같다. 고온의 물체에서 저온의 물체로 열이 전달되는 현상, 서로 다른 종류의 기체나 액체가 혼합되는 현상, 고체 용질이 액체 용매에 녹는 현상, 마찰을 가진 기관에 포함된 기체가 팽창하면서 외부로 일을 해주는 현상 등이 모두 비가역과정이다. 그리고 심지어 사람이 태어나서 나이가 들어가는 과정도 되돌릴 수 없는 비가역과정이다. 즉 현실적으로 일어나는 모든 현상은 비가역과정이라 할 수 있다. 이러한 현상들이 일단 발생되면 외부의 힘을 빌리지 않고서는 결코 저절로 원상태로 복귀되지 않는다. 다만 사람의 나이는 외부의 힘을 빌리더라도 원상 복귀되지 않는다. 결론부터 말하면 우주를 하나의 계로 잡았을 때 계 내에서 이러한 비가역과정이 일어난다면, 계의 총 엔트로피는 항상 증가하게 되는 것이다.

열이 전달되고, 물질이 혼합되는 비가역과정이 일어날 때 엔트로피가 증가한다는 사실은 각각의 경우에 따라 수식을 사용하여 증명할 수 있다. 그 수식적 방법을 모두 여기서 소개할 수는 없으며, 그 중 많이 인용되는 한 가지 경우만 예를 들어 보자. 그림 13과 같이 카르노 사이클과 유사한 순환공정을 생각해 보자. 그림에서 과정 $ABCD$는 전형적인 카르노 사이클과 같은 가역 순환공정이다. 이 공정은 먼저 온도 T_{A1}인 등온선 AB를 따라 움직이면서 Q_1만큼의 열량을 받는다. 이 Q_1은 온도가 T_{A2}인 열원에서부터 열이 전달되어 공급된다고 하자. 열량 Q_1을 받은 후 과정 BC를 따라 팽창하면서 일을 행한 다음, 온도가 T_{B1}인 등온선 CD를 따라 움직이면서 Q_2만큼의 열을 방출한다. 그리고 이 Q_2는 온도가 T_{B2}인 외부로 전달된다고 하자. 결과적으로 이 공정은 가역과정인 카르노 사이클 $ABCD$와 그에 더하여 온도차 $T_{A2} - T_{A1}$와 $T_{B1} - T_{B2}$에 의해 열이 전달되는 과정을 합친 것이다. 다시 말해 가역과정인 카르노 사이클과 비가역과정인 열전달 현상이 합쳐진 공정이다. 따라서 이 전체 과정은 비가역과정이 된다.

여기서 가역적 카르노 사이클인 과정 $ABCD$에서는 엔트로피 변화가 없으므로 식 (22)와 유사하게 다음과 같이 쓸 수 있다.

$$\frac{Q_1}{T_{A1}} - \frac{Q_2}{T_{B1}} = 0 \tag{24}$$

한편 그림 13에 표시된 전 과정인 카르노 사이클 $ABCD$와 온도차에 의한 열전달 과정을 모두 합쳐서 하나의 단일 순환과정으로 묘사할 수 있는데 그것이 과정 $EFGH$이다. 과정 $EFGH$는 가역과정과 비가역과정이

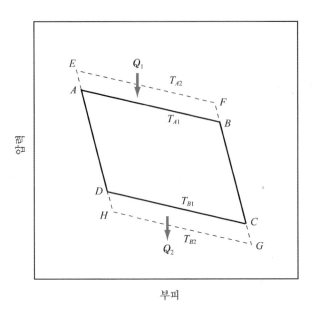

그림 13 비가역과정이 포함된 순환공정

합쳐진 과정이며, 따라서 이 과정은 결과적으로 비가역과정이 된다. 여기서 온도가 T_{A2}인 열원은 Q_1의 열을 잃어버리므로 Q_1/T_{A2}만큼의 엔트로피가 감소(-)하게 되며, 온도가 T_{B2}인 외부는 Q_2의 열을 받아들이므로 Q_2/T_{B2}만큼의 엔트로피가 증가(+)하게 된다. 또한 $T_{A2} > T_{A1}$ 그리고 $T_{B1} > T_{B2}$이므로 식 (24)에 의해서 다음의 관계식이 성립하게 된다.

$$-\frac{Q_1}{T_{A2}} + \frac{Q_2}{T_{B2}} > 0 \tag{25}$$

식 (25)는 과정 $EFGH$가 일어날 때 발생하는 엔트로피 변화량에 대한 관계식이다. 다시 말해 식 (25)는 과정 $EFGH$를 구성하는 열원, 순환공정, 외부를 모두 포함하는 계, 즉 우주에 대하여 성립되는 식이다. 전술한 바와 같이 과정 $EFGH$는 두 온도인 T_{A2}와 T_{B2} 사이에서 운전되는 비가역 순환공정이다. 그리고 이때 수반되는 엔트로피의 변화량은 식 (25)와 같이 표현되는데, 이 식을 달리 나타내면 다음과 같다.

$$\Delta S_{Total} > 0$$

다시 말해 비가역과정이 일어날 때 우주의 총 엔트로피는 항상 증가한다는 것이다.

그 외의 비가역과정인 액체나 기체의 혼합, 용질의 용해 등과 같은 현상에 수반되는 엔트로피 변화는 통계역학적 방법을 사용하여 구할 수 있다. 이 경우에도 마찬가지로 총 엔트로피는 항상 증가한다. 그러므로 위의 사실을 종합하면, 우주의 총 엔트로피는 가역과정이 일어날 때는 일정하게 유지되며, 비가역과정이 일어날 때는 항상 증가한다는 것이다. 이것을 식으로 나타내면 다음과 같다.

$$\Delta S_{Total} \geq 0 \qquad (26)$$

식 (26)이 열역학 제2법칙이다. 이 식에서 등호는 가역과정이 일어날 때, 부등호는 비가역과정이 일어날 때 성립한다. 한편 가역과정이란 현실적으로는 일어나기 힘든 이상적인 과정이기 때문에, 실제적으로는 이 세상에서 어떤 현상이 발생하더라도 우주의 총 엔트로피는 항상 증가하게 된다. 그리고 그 어떤 변화나 공정이 수행될 때, 그 현상은 반드시 총 엔트로피가 증가하는 방향으로 일어나게 된다. 즉 열역학 제2법칙은 변화의 방향을 제시해 주는 법칙이다.

1865년 클라우지우스는 그의 독일어 논문 〈열의 동력에 대한 고찰〉에서 다음과 같은 두 문장을 발표하였다.

1. Die Energie der Welt ist Constant(The energy of the universe is constant; 우주의 에너지는 일정하다).
2. Die Entropie der Welt strebt einem Maximum zu(The entropy of the

universe tends to a maximum; 우주의 엔트로피는 최댓값을 향해 치
닫는다).

첫째 문장은 열역학 제1법칙에 대한 기술이며, 둘째 문장은 열역학 제2
법칙에 대한 기술이다. 이 두 문장으로 말미암아 클라우지우스는 열역학
제1, 2법칙을 확립한 사람으로 불리며, 근대 열역학에 가장 큰 공헌을 한
인물로 인정받게 되었다. 제7장에서 설명한 바와 같이 열역학 제1법칙은
내부에너지의 개념을 현실화시켰다. 즉 열역학에서 사용하는 내부에너지
라는 수학적 도구는 제1법칙이라는 열역학적 원리가 성립함으로써 그 의
미가 부여된 것이다. 열역학 제1법칙은 다른 말로 에너지 보존의 법칙이
라 부른다. 이것은 열역학의 법칙을 내부에너지라는 수학적 도구를 사용
하여 표현한 것이다. 이와 마찬가지로 엔트로피에 대한 개념도 열역학 제
2법칙의 원리에 따라 성립되었고, 따라서 열역학 제2법칙은 엔트로피라는
도구를 사용하여 표현되었다. 다시 말해 클라우지우스, 켈빈, 플랑크가 내
렸던 열역학 제2법칙에 대한 세 가지 서술적 표현을 엔트로피라는 도구를
사용하여 수학적 방법으로 표시할 수 있게 된 것이다. 결론적으로 비가역
과정이 스스로 원상 복귀하지 못한다는 열역학 제2법칙이 우주의 엔트로
피는 항상 증가한다는 하나의 수학식으로 표현된 것이다.

Chapter 22

깁스에너지

열역학에서 사용하는 가장 유용한 도구 중의 하나가 깁스에너지Gibbs energy이다. 또한 가장 익숙하지 않은 정의 중의 하나도 바로 깁스에너지이다. 더구나 깁스에너지는 깁스라는 사람의 이름을 따서 만들어졌기 때문에 이 용어의 단어적 해석이 불가능하며, 따라서 깁스에너지라는 개념을 파악하는 것을 더욱 어렵게 만드는지도 모른다. 사실 깁스에너지는 고전 열역학에서 사람의 이름을 딴 몇 안 되는 열역학 용어 중의 하나이다.

열역학의 개념은 필요에 의해서 만들어진 도구라고 앞서 설명하였다. 깁스에너지도 필요에 의해 인위적으로 만들어진 개념이다. 그 필요라는 것은 물질의 에너지를 나타내고 물질의 상태변화에 따라 에너지의 변화량을 계산하는 것을 말한다. 물질의 에너지를 나타내는 물리량에는 내부에너지, 엔탈피, 깁스에너지 등이 있으며, 이들 정의는 모두 물질이 보유하고 있는 에너지를 각각 다른 표현으로 정의하고 있을 뿐, 그 근본적인 의미는 모두 동일하다.

깁스에너지란 개념이 만들어지기 전에는 물질이 보유한 에너지에 대한 표현을 내부에너지나 엔탈피로 나타내었다. 그 이후 물질의 에너지를 수학적인 관점에서 다루고자 하는 욕구가 강해지면서, 에너지에 대한 도구를 좀 더 편리하고 사용하기 쉽도록 하는 연구들이 진행되었다. 그 연구자들 중 가장 대표적인 사람이 바로 깁스였다. 깁스에너지에 대한 개념은 깁스가 처음 만들어 사용하였지만, 그는 이 에너지를 깁스에너지라고 부르지 않았다. 깁스에너지란 이름은 그 이후의 연구자들에 의해 명명되었다. 깁스는 깁스에너지에 대한 개념뿐만 아니라 상률, 물질의 잠재에너지 chemical potential를 비롯한 여러 열역학적 개념을 정립한 사람으로서 물질의 에너지를 주로 다루는 화학공학적 열역학을 확립한 사람이라고 해도 과언이 아니다. 이러한 측면에서 깁스는 열역학 제1, 2법칙을 확립하고 엔트로피의 개념을 창안한 클라우지우스와 함께 근대 열역학의 양대 거목이라 할 수 있다. 그러므로 먼저 그의 개인적 배경을 간단히 살펴보도록 하자.

Josiah Willard Gibbs (1839~1903)

깁스Josiah Willard Gibbs는 1839년 미국 코네티컷 주의 뉴해븐에서 태어나
같은 도시에 있는 예일대학교를 졸업하였다. 그 후 유럽으로 건너가 프랑
스와 독일에서 3년간 물리학과 수학을 공부하였고, 다시 미국으로 돌아와
예일대학교의 수리물리학과 교수가 되었다. 그가 예일대학교에서 발표한
열역학에 대한 논문들은 19세기의 가장 위대한 과학계의 연구라고 할 만
큼 중요한 업적이었다. 그 중 대표적인 논문은 〈도식적 방법을 사용한 유
체의 열역학〉, 〈열역학 물성을 나타내기 위한 기하학적 방법〉, 〈비균일
물질의 상평형〉 등이다. 이들 논문의 제목에서 알 수 있듯이 깁스는 주로
수학적 방법을 기반으로 하여 열역학의 이론을 전개하였다.

깁스는 열역학 현상을 해석할 때, 기존의 기계적 장치를 기반으로 하는
실험적 모델을 사용하기보다 물리학과 수학에 기반을 둔 그의 학문적 배
경을 바탕으로 한 수리적인 모델을 주로 사용하였다. 그는 온도, 압력, 부
피와 같은 열역학적 변수의 상관관계를 도식적으로 나타내는 많은 시도
를 하였는데, 한 예로 그는 엔트로피와 부피를 독립변수로 하는 직교좌표
를 처음으로 사용하였다. 또한 엔트로피, 부피, 에너지를 변수로 하는 3차
원 공간을 사용하여 물질의 평형, 안정성의 조건 등을 기하학적으로 나타
내었다. 그는 열역학 이론에 벡터와 공간적인 개념을 많이 활용하였는데,

이 때문에 그의 이론은 화학적인 지식에 기반을 둔 실험적 방법을 주로 사용하였던 당대의 열역학자들에게 급속히 전파되지는 못하였다.

현재 우리는 열역학이란 학문의 범주 내에서 깁스의 이론을 사용하고 있다. 다시 말해 깁스의 이론을 열역학적 이론으로 이해하고 있다. 그러나 깁스가 활동하던 시절의 학문의 성격과 그의 연구 영역을 살펴보았을 때, 깁스는 내부에너지 개념을 도입했던 줄이나 마이어와 같은 공학적 실험가가 아닌 수학적 이론을 배경으로 한 수리물리학자였다. 따라서 그의 이론은 오늘날 우리가 수학적 방법이라고 부르는 대수학적 관점에서 이해되어야 한다. 예를 들어 깁스는 그의 논문에서 5가지 물성인 부피, 압력, 온도, 에너지, 엔트로피를 물질의 상태에 따른 함수라고 불렀고, 이 물성들을 수학적인 도구로 사용하였다. 그리고 이 수학적 함수들을 독립변수로 하여 그 상관관계를 직교좌표인 평면 혹은 공간에 도식하여 그림으로 표시하였다. 또한 그림의 좌표상에서 등온, 등압, 등엔트로피와 같은 과정이 직선으로 나타남을 보여주기도 하였다.

깁스에너지의 개념이 도출된 경위는 물질이 보유한 에너지를 수학적 관계를 사용하여 나타내고자 했던 깁스의 이론적 전개과정에서 비롯되었다. 깁스 이론의 출발점은 열역학 제1법칙과 엔트로피의 개념이었다. 깁스는 깁스에너지의 개념을 처음 사용한 그의 논문 첫 머리에 '우주의 에너지는 일정하며, 엔트로피는 최댓값을 향해 치닫는다'라는 클라우지우스의 말을 인용하였다. 즉 깁스의 이론은 클라우지우스가 정립한 열역학 제1, 2법칙을 기초로 하여 시작된 것이다. 그가 이론의 전개를 위해 맨 서두에 사용했던 식은 다음과 같다.

$$dU = TdS - PdV \tag{27}$$

이 식은 닫힌 계에 대한 열역학 제1법칙인 식 (3)과 엔트로피의 정의식인 식 (20)이 합쳐진 식으로, 열역학 제1, 2법칙을 한 방정식으로 표현한 식이다. 여기서 dU는 계의 내부에너지 변화량, TdS는 계로 출입한 열량,

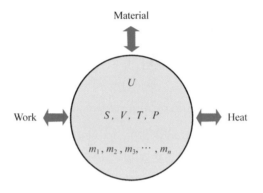

그림 14 혼합물 계의 에너지와 수학적 변수

PdV는 계로 출입한 일의 양이다. 실제로 깁스는 그의 논문에서 U를 내부에너지라 부르지 않고 일반적인 보통 에너지라고 불렀다. 그는 식 (27)을 기본으로 하여 여러 가지 물질이 혼합되어 있는 혼합물 계의 에너지를 수학적인 함수로 나타내고자 하였다.

깁스가 그의 이론을 전개할 때 세웠던 계를 나타내면 그림 14와 같다. 그림 14는 n개의 성분으로 구성된 혼합물을 나타내고 있으며, 그 구성 물질의 질량을 각각 m_1, m_2 등으로 표시하였다. 그림과 같이 이 계에는 열과 일이 출입할 수 있으며, 또한 물질도 출입할 수 있기 때문에 각 물질의 질량도 변화할 수 있다. 이러한 상황에서 이 계가 보유하고 있는 에너지 U의 변화는 계의 엔트로피 S, 부피 V, 온도 T, 압력 P, 그리고 각 물질의 질량 m_1, m_2 등의 함수로 표시될 수 있다.

깁스는 닫힌 계에 대한 열역학 제1법칙인 식 (27)을 변형하여 다음과 같은 물질의 출입이 가능한 열린 계에 대한 식을 만들었다.

$$dU = TdS - PdV + \mu_1 dm_1 + \mu_2 dm_2 + \cdots + \mu_n dm_n \qquad (28)$$

여기서 μ_1, μ_2 등을 깁스는 잠재에너지potential라 불렀으며, 이 정의에 대해서는 제23장에서 다시 설명하겠다. 우선 여기서는 식 (28)과 같이 혼합물 계의 에너지 U를 4개의 변수 S, V, T, P와 각 물질의 질량 m_1, m_2, $\cdots$, m_n의 함수로 나타내었다는 사실이 중요하다. 깁스는 식 (28)을 물질의 에너지를 나타내는 기초식fundamental equation이라 불렀다. 다시 말해 물질의 에너지 변화를 표시할 수 있는 모든 변수를 포함하고 있는 식이라는 뜻이다.

식 (28)이 의미하는 바는 계의 온도 T, 압력 P, 그리고 각 성분의 잠재 에너지 μ_1, μ_2 등이 일정할 때, 엔트로피 S, 부피 V, 그리고 각 성분의 질량 m_1, m_2, $\cdots$, m_n의 변화에 따른 계의 에너지 U의 변화량을 나타낸 것이다. 바로 이 시점에서 깁스가 의도했던 바는, 만일 온도와 압력이 일정하지 않고 엔트로피와 부피가 일정한 경우에 기초식인 식 (28)이 어떻게 변화하는가를 나타내는 것이었다. 다시 말해 사용되고 있는 4개의 변수 S, V, T, P 중 식 (28)에서 독립변수로 사용되고 있는 S와 V를 다른 변수인 T와 P로 교체하여 에너지의 변화를 나타내고자 하였다. 이를 위해 깁스는 그 당시 이미 정립되어 있는 수학적인 이론을 도입하였는데, 그것이 바로 르장드르 변환Legendre transformation이었다.

르장드르 변환은 주어진 함수의 독립변수를 교체할 때 사용하는 수학적 이론으로 그 내용을 간략히 소개하면 다음과 같다. 임의의 함수 y를 독립변수 x_i로 표시하면,

$$y = f\left(x_1, x_2, \cdots, x_n\right)$$

이것을 미분형으로 나타내면,

$$dy = \sum_{i=1}^{n} c_i\,dx_i \quad \text{여기서} \quad c_i = \left(\frac{\partial f}{\partial x_i}\right)_{x_{j \neq i}} \tag{29}$$

여기서 새로운 함수 τ_i를 정의하면 다음과 같다.

$$\tau_i = y - c_i x_i$$

그러면

$$d\tau_i = dy - c_i dx_i - x_i dc_i$$

$$= \sum_{j=1}^{n} c_j dx_j - c_i dx_i - x_i dc_i$$

$$= \sum_{j=1, j \neq i}^{n} c_j dx_j - x_i dc_i$$

그러므로 τ_i의 함수는 다음과 같이 된다.

$$\tau_i = f(x_1, \cdots, c_i, \cdots, x_n)$$

결과적으로 새로운 함수 τ_i를 정의함으로써 원래의 함수 y에 대한 독립변수 중의 하나인 x_i가 다른 변수 c_i로 대체된 것이다. 여기서 중요한 점은 원래의 함수 y와 새로운 함수 τ_i는 근본적으로 동일한 함수이며, 그 함수를 구성하는 독립변수만이 다르다는 사실이다. 그리고 정의되는 새로운 함수의 형태는 변경하고자 하는 독립변수에 따라 결정된다.

깁스는 이와 같은 수학적 이론을 앞서 나온 식 (27)에 직접 적용하였다.

$$dU = TdS - PdV \tag{27}$$

식 (27)은 다음과 같이 쓸 수 있다.

$$U = U(S, V)$$

그리고 식 (27)을 식 (29)와 비교하면 $y = U$, $c_1 = T$, $x_1 = S$, 그리고 $c_2 = -P$, $x_2 = V$가 된다.

여기서 르장드르 변환에 따라 새로운 함수 τ_1을 정의하면 다음과 같다.

$$\tau_1 = y - c_1 x_1$$

$$= U - TS$$

이 함수를 미분형으로 나타내면,

$$d\tau_1 = dU - TdS - SdT$$
$$= (TdS - PdV) - TdS - SdT$$
$$= -SdT - PdV$$

결국 새롭게 정의된 τ_1은 온도 T와 부피 V를 독립변수로 하는 함수가 되었다.

같은 방법으로 또 다른 함수 τ_2를 정의하면 다음과 같다.

$$\tau_2 = y - c_2 x_2$$
$$= U + PV$$

이 함수를 미분형으로 나타내면,

$$d\tau_2 = dU + PdV + VdP$$
$$= (TdS - PdV) + PdV + VdP$$
$$= TdS + VdP$$

결국 새롭게 정의된 τ_2는 엔트로피 S와 압력 P의 함수가 되었다. 그리고 함수 τ_2는 제9장의 식 (5)와 비교하면 엔탈피와 동일하다는 것을 알 수 있다. 즉

$$\tau_2 = H = U + PV$$

여기서 알 수 있는 것은 엔탈피와 내부에너지는 그 독립변수만 다를 뿐 같은 에너지 함수라는 사실이다.

이와 같은 수학적 근거를 바탕으로 깁스는 기초식인 식 (27)을 변경하기 위해 다음과 같은 새로운 함수를 정의하였다.

$$\tau_{12} = y - c_1 x_1 - c_2 x_2$$
$$= U - TS + PV$$

이 함수를 미분형으로 나타내면,

$$d\tau_{12} = dU - TdS - SdT + PdV + VdP$$
$$= (TdS - PdV) - TdS - SdT + PdV + VdP$$
$$= -SdT + VdP$$

결국 새롭게 정의된 τ_{12}는 온도 T와 압력 P의 함수가 되었다. 깁스가 정의한 새로운 함수 τ_{12}를 현재 우리는 깁스에너지 G라고 부른다. 즉

$$\tau_{12} = G = U - TS + PV = H - TS \qquad (30)$$

깁스에너지는 이러한 수학적 유도과정을 거쳐 정의되었다. 오늘날 우리는 깁스에너지를 G로 표시하지만 깁스가 이 에너지 함수를 처음으로 유도했을 때는 ξ로 표기하였다.

 깁스에너지의 가장 큰 특징은 이 에너지 함수를 구성하는 독립변수가 온도와 압력이라는 사실이다. 즉

$$G = G(T, P)$$

가 된다. 깁스는 이와 같은 에너지 함수를 유도한 다음, 혼합물 계에서 물질의 출입도 함께 고려하여 기초식인 식 (28)을 다음과 같이 표현하였다.

$$dG = -SdT + VdP + \mu_1 dm_1 + \mu_2 dm_2 + \cdots + \mu_n dm_n \qquad (31)$$

여기서 알 수 있는 것은 내부에너지로부터 유도된 엔탈피, 깁스에너지와 같은 에너지 함수들은 근본적으로 동일하며, 단지 그 함수를 구성하는 독립변수만이 다르다는 사실이다. 다시 말해 식 (28)과 식 (31)은 결국 같은

식이다. 이 두 가지 식에 대한 의미를 풀어서 설명하면 다음과 같다. 주어진 계에 포함되어 있는 물질의 질량이 일정할 때, 즉 식 (28)과 (31)의 dm_1, dm_2 등이 모두 0일 때, 계의 에너지 변화를 엔트로피와 부피의 함수로 표시하고자 한다면, 그때 계가 보유하고 있는 에너지를 식 (28)과 같이 내부에너지 U라고 부르게 된다. 만일 계의 에너지 변화를 온도와 압력의 함수로 표시하고자 한다면, 그때 계가 보유하고 있는 에너지를 식 (31)과 같이 깁스에너지 G라고 부른다는 것이다.

깁스에너지는 수학적으로 유도되었지만, 이 에너지 함수가 가지는 물리적인 의미를 살펴보면 깁스에너지가 열역학의 핵심 에너지 함수로 사용되는 이유를 알 수 있다. 깁스에너지는 내부에너지나 엔탈피처럼 물질이 보유한 에너지를 나타내는 표현 중의 하나이다. 전술한 바와 같이 내부에너지는 물질을 구성하는 분자가 미세한 운동을 함으로써 보유하는 에너지를 말하며, 엔탈피는 내부에너지에 물질이 역학적 일을 할 수 있는 에너지를 더한 총괄 에너지의 개념을 가진다. 한편 물질의 에너지는 그 열역학적 상태를 결정하는 네 가지 변수인 온도, 압력, 부피, 엔트로피에 따라 변화하게 된다. 그러므로 실제적인 화학공정이나 실험실에서 내부에너지나 엔탈피의 변화량을 나타내기 위해서는 물질의 온도, 압력, 부피, 엔트로피를 직접 측정해야 한다. 그러나 일반 공정상에서 이 네 가지의 변수 중 물질의 부피와 엔트로피를 직접 측정한다는 것은 현실적이지 않은 일이다. 반면 온도와 압력은 현장에서 사용할 수 있는 계측기기인 온도계와 압력계를 이용하여 직접 측정할 수 있는 변수이다. 그러므로 온도와 압력의 변화량만 측정하여 물질의 에너지를 나타내고, 그 에너지의 변화량을 계산할 수 있는 방법이 필요하게 된다. 이것을 가능하게 해 주는 것이 바로 깁스에너지이다. 깁스에너지는 온도와 압력만을 독립변수로 하는 에너지 함수이다.

깁스에너지의 물리적인 의미는 덴비Kenneth Denbigh가 쓴 《*The Principle of Chemical Equilibrium*》이란 책에서 다음과 같이 잘 설명되어 있다. 주어진 계가 상태 1에서 상태 2로 변화할 때 깁스에너지의 변화량은 식 (30)에 의해 다음과 같이 된다.

$$G_2 - G_1 = U_2 - U_1 + (P_2 V_2 - P_1 V_1) - (T_2 S_2 - T_1 S_1) \qquad (32)$$

그리고 닫힌 계에 대한 열역학 제1법칙에 의해

$$U_2 - U_1 = Q + W$$

가 되며, 따라서 다음과 같은 관계식이 성립한다.

$$G_2 - G_1 = Q + W + (P_2 V_2 - P_1 V_1) - (T_2 S_2 - T_1 S_1) \qquad (33)$$

여기서 Q와 W는 계에 출입한 열과 일의 양이다. 한편 열역학 제2법칙에 따라 열량과 엔트로피 변화의 관계는 다음과 같은 식에 의해 표현됨을 알고 있다. 즉

$$dS \geq \frac{dQ}{T}$$

여기서 부등호는 비가역과정, 그리고 등호는 가역과정일 경우에 성립한다. 이 식을 다시 쓰면 다음과 같다.

$$T(S_2 - S_1) \geq Q \qquad (34)$$

여기서 주어진 계의 상태변화가 등온 및 등압과정인 경우를 생각해 보자. 이 경우 $T_1 = T_2 = T$ 그리고 $P_1 = P_2 = P$가 되며, 식 (33)과 (34)에 의해 다음과 같이 된다.

$$-W \leq -(G_2 - G_1) + P(V_2 - V_1) \qquad (35)$$

이 식에서 $P(V_2 - V_1)$ 항은 일정한 압력이 외계로부터 가해질 때 계의

부피변화로 인해 계가 외계로 해준 일에 해당한다. 그러나 계가 외계로 할 수 있는 일의 종류는 부피변화에 의한 일 이외에 다른 종류의 일도 존재할 수 있다. 그러므로 계의 일에 대한 표현은 다음과 같이 쓸 수 있다.

$$- W = P(V_2 - V_1) - W' \tag{36}$$

일 W에 대한 부호는 일반적으로 계가 외계로 일을 해줄 때 그 값을 음수로 하기로 약속하기 때문에, 여기서 계가 외계로 일을 해줄 때 W는 음의 값을 가지게 되며, $- W$는 양의 값을 가지게 된다. 식 (36)에 의하면 계가 할 수 있는 일은 계의 부피변화에 따른 일과 부피변화를 수반하지 않는 일 $- W'$의 합으로 표현된다. 식 (36)을 식 (35)에 대입하면 다음과 같이 된다.

$$- W' \leq - (G_2 - G_1) \tag{37}$$

이 식에서 부등호는 비가역과정, 등호는 가역과정일 때 성립하며, 과정이 가역이든 비가역이든 그때 수반되는 깁스에너지의 변화량 $G_2 - G_1$은 동일하다.

식 (37)의 의미는 다음과 같다. 주어진 계의 변화과정에서 계의 초기와 말기의 온도와 압력이 동일한 경우, 계가 외계에 해준 일 $- W'$(계의 부피변화에 따라 수행된 일을 제외한 일)의 크기는 그 변화에 따른 계의 깁스에너지의 변화량과 같거나 작다는 것이다. 만일 변화과정이 가역과정이라면 $- W'$의 값은 최댓값이 되며, 따라서 식 (37)은 다음과 같이 된다.

$$- W'_{\max} = - (G_2 - G_1) \tag{38}$$

이 식으로부터 우리는 물질의 깁스에너지 변화량이라는 것이 어떤 의미를 가지는지 알 수 있다. 즉 주어진 계가 어떤 변화를 거치면서 그 초기와 말기의 온도와 압력이 동일한 경우, 그 계의 깁스에너지 변화량이란 그 변화과정에서 일어나는 부피변화에 의해 수행되는 일을 제외하고 얻을 수 있는 최대의 일과 같다는 것이다. 그 대표적인 예로 건전지의 경우를 들 수 있다. 건전지는 온도와 압력의 변화 없이 그 내용물의 부피변화를 수반하지 않으면서 전기적인 일을 외부에 해주는데, 이 일의 양이 건전지 내용물의 깁스에너지 변화량과 같다는 것이다.

만일 주어진 계가 어떤 변화를 거치면서, 온도와 압력이 일정하고 동시에 외부에 해준 일이 부피변화에 의한 일밖에 없을 경우, 그 계의 깁스에너지의 변화는 없다.

즉 식 (38)에서 $-W'_{max} = -(G_2 - G_1) = 0$이 되는 것이다. 다시 말해 어떤 과정에서 계의 다른 물성은 변화해도 온도와 압력이 변화하지 않는다면 그 물질의 깁스에너지는 변화하지 않는다. 이러한 과정의 대표적인 예가 바로 물질의 상변화이다. 물질이 기화, 응축, 용융과 같은 상변화를 거칠 때, 그 물질의 부피, 엔탈피, 엔트로피 등은 큰 폭으로 변화한다. 그러나 이러한 상변화가 일어날 때, 온도와 압력은 일정하게 유지된다. 그러므로 물질의 깁스에너지는 변화하지 않는다.

예를 들어 압력 1 bar, 온도 100℃하에서 액체상태로 존재하는 1 g의 물을 생각해 보자. 이 온도와 압력에서 액체 물의 엔탈피는 100 cal/g이며 엔트로피는 0.313 cal/g℃이다. 만일 이 물에 열이 가해져 액체상태의 물이 모두 기화하여 1 bar, 100℃하의 증기로 된다면, 이때 물의 엔탈피는 640 cal/g, 엔트로피는 1.759 cal/g℃가 된다. 즉 엔탈피와 엔트로피의 값은 크게 증가한다. 또한 물이 가지는 물성인 밀도, 점도, 확산도 등도 상변화를 거치면서 크게 변화한다. 그러나 물의 상태가 액체에서 기체로 변화하더라도 깁스에너지는 변화하지 않고 일정하다. 왜냐하면 물질의 상변화가 일어날 때는 온도와 압력이 변화하지 않으며, 따라서 온도와 압력만의 함수인 깁스에너지도 변화하지 않게 된다. 또한 기체와 액체상태의 물이 평형상태에서 공존하는 경우, 두 상의 온도와 압력은 같게 되며, 따라서 두 상에서 물의 단위질량당 깁스에너지는 동일하게 된다. 바로 이 사실이 화공열역학의 핵심적인 내용인 상평형 해석의 출발점이 된다.

화공열역학에서 깁스에너지가 가지는 가장 중요한 역할은 깁스에너지가 상평형을 나타내는 도구로 사용된다는 사실이다. 상평형 계산이야 말로 화공열역학에서 가장 중요한 과제이며, 그 계산의 중심에 바로 깁스에너지의 개념이 자리잡고 있다. 왜냐하면 두 개 이상의 상이 평형에 존재할 때, 그 상들의 행태는 온도와 압력의 함수가 되며, 따라서 온도와 압력만을 독립변수로 하는 깁스에너지는 그 계를 해석하는 데 매우 적합한 도구가 되기 때문이다. 실제로 깁스는 본인이 고안한 깁스에너지의 개념을 이용하여 상평형을 해석하였고, 그때 필요한 또 다른 개념을 추가적으로 고안하였는데, 그것이 바로 물질의 잠재에너지chemical potential이다.

Chapter 23

물질의 잠재에너지

Chemical Potential

물질의 잠재에너지란 간단히 말해 물질 자체가 보유하고 있는 에너지를 말한다. 열역학에서 물질의 에너지 변화를 계산할 때 설정하는 계는 크게 닫힌 계와 열린 계로 나눈다. 닫힌 계에서는 계의 경계를 통한 물질의 이동이 없으며, 반대로 열린 계에서는 물질의 출입이 가능하다. 그러므로 닫힌 계에 포함되어 있는 물질의 물성과 에너지는 그 계를 구성하는 성분의 변화 없이 온도와 압력 등의 변화에만 의존한다. 그러나 열린 계에서는 온도, 압력과 더불어 계를 통해 출입하는 여러 물질들의 절대량에 따라 계의 물성과 에너지가 변화하게 된다. 온도와 압력의 변화에 따른 물성의 변화는 상태방정식과 같은 도구를 사용하여 계산할 수 있다. 한편 계의 온도와 압력 등 모든 조건이 일정하게 유지되는 상황에서 임의의 물질이 계로 추가되거나 혹은 계에서부터 제거되는 경우가 발생할 수 있다. 즉 계의 조성이 변화하는 것이다. 이러한 경우 계 전체의 에너지 변화를 나타내기 위해서 도입된 개념이 있는데, 그것이 바로 물질의 잠재에너지이다.

물질의 잠재에너지chemical potential에 대한 개념은 깁스Josiah Willard Gibbs에 의하여 고안되었다. 깁스는 제21장에서 설명한 바와 같이 깁스에너지에 대한 식을 유도할 때, 여러 성분이 혼합된 혼합물을 계로 설정하였다. 그는 그림 14와 같은 계를 설정하여 이 계에서 물질의 출입이 가능할 때, 계의 온도와 압력의 변화 그리고 출입한 물질의 양에 따른 깁스에너지의 변화를 식 (31)과 같이 나타내었다. 만일 계의 온도와 압력이 일정하게 유지된다면 식 (31)은 다음과 같이 된다.

$$dG = \mu_1 dm_1 + \mu_2 dm_2 + \cdots + \mu_n dm_n \tag{39}$$

온도와 압력이 일정하다는 조건에서 깁스에너지의 미분형 dG를 수학적 표현으로 쓰면 다음과 같다.

$$dG = \sum_i \left[\frac{\partial G}{\partial m_i} \right]_{P,\,T,\,m_j} dm_i$$

그러므로 위의 두 식을 비교하면 다음과 같이 된다.

$$\mu_i = \left[\frac{\partial G}{\partial m_i} \right]_{P,\,T,\,m_j} \tag{40}$$

깁스는 μ_i를 i 성분에 대한 물질의 잠재에너지라고 불렀다. 식 (40)의 의미를 풀어서 설명하면 다음과 같다. 여러 성분의 혼합물로 구성된 그림 14와 같은 혼합물 계에서, 온도와 압력이 일정하고 또한 i 성분을 제외한 나머지 성분들의 질량이 일정하다고 하자. 이때 1몰의 i 성분이 계로 투입된다면 그에 따라 혼합물 계 전체의 깁스에너지가 변화하게 될 것이다. 이때 변화하는 계 전체의 깁스에너지 양이 i 성분의 잠재에너지가 된다. 다시 말해 혼합물 전체의 깁스에너지 변화량을 추가된 성분의 절대량으로 나눈 값이 그 추가된 물질의 잠재에너지가 되는 것이다. 그러므로 물질의 잠재에너지란 결국 어떤 물질의 단위질량당 혹은 단위몰당 가지는 깁스에너지와 같다고 할 수 있다. 그러나 다음과 같은 두 가지의 경우를 살펴보면 물질의 깁스에너지와 잠재에너지는 항상 같지만은 않다는 것을 알 수 있다.

먼저 순수한 물질로 구성된 계에 대한 잠재에너지를 생각해 보자. 예를 들어 임의의 순수성분 A로만 구성된 계가 있다고 할 때, 계의 온도와 압력이 변하지 않는 상태에서 같은 A 성분 1몰이 추가되었다고 하자. 그 결과 이 계의 총 깁스에너지는 추가된 1몰의 A로 인해 증가하게 된다. 그리고 그 증가된 깁스에너지의 양은 A 성분 1몰이 순수한 상태로 존재할 때 가지고 있던 깁스에너지의 양과 같게 된다. 그러므로 이 경우에는 잠재에너지에 대한 정의에 의해 성분 A의 잠재에너지는 그 성분의 깁스에너지와 같게 된다. 다시 말해 어떤 물질이 순수한 상태로 존재하는 경우, 그 물질의 잠재에너지는 그 성분 단위몰이 보유하고 있는 깁스에너지와 동일하다.

반면 A 성분을 포함한 여러 가지 성분으로 구성된 혼합물 계가 있다고 하자. 그리고 이 혼합물 계의 온도와 압력이 변하지 않고 또한 다른 성분의 양도 변하지 않은 상태에서 A 성분 1몰이 추가되었다고 하자. 그 결과 이 혼합물의 총 깁스에너지는 증가하게 되는데, 이 경우에 깁스에너지가 증가한 양은 순수한 상태의 A 1몰이 가지고 있는 깁스에너지와는 같지 않다. 왜냐하면 A가 혼합물에 가해지면 다른 성분이 A에 미치는 영향으로 인하여 A의 깁스에너지가 순수한 상태로 있을 때와는 달라지기 때문이다.

다시 말해 주어진 성분이 순수한 상태로 있을 때 보유하고 있는 에너지는 그 성분이 어떤 혼합물에 가해져 다른 성분들과 함께 공존하게 될 때 가지는 에너지와 다르다. 물질의 잠재에너지는 어떤 물질이 순수한 상태에 있지 않고, 다른 물질과 혼합되어 있는 상태에서 가지고 있는 에너지를 나타낸다. 한마디로 물질의 잠재에너지란 어떤 성분이 혼합물상에 존재할 때, 그 성분이 가지는 깁스에너지를 말한다.

궁극적으로 물질의 잠재에너지에 대한 개념은 혼합물 계에서 두 개 이상의 상이 평형상태로 존재할 때, 그 평형 현상을 설명하기 위하여 사용된다. 다시 말해 물질의 잠재에너지는 물질의 이동을 유발하는 추진력을 나타내는 개념이다. 예를 들어 서로 다른 두 물체 사이에 열이 전달되는 것은 두 물체의 온도가 다르다는 것을 의미하며, 두 물체의 온도가 같아지면 열의 이동이 중단된다. 이때 열의 이동을 유발하는 추진력은 온도 차이며, 이 추진력이 사라질 때 열은 이동하지 않고 두 물체는 열적 평형에 도달하게 된다. 또한 일정한 길이의 관을 통해 유체가 흐른다는 것은 관의 입구와 출구 사이의 압력이 다르기 때문이며, 압력이 동일해지면 유체의 흐름이 중단된다. 이때 유체의 이동을 유발하는 추진력은 압력 차이가 된다. 이와 유사하게 그림 15와 같이 혼합물로 이루어진 두 개의 다른 상이 인

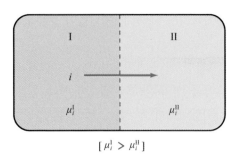

$$[\mu_i^{\mathrm{I}} > \mu_i^{\mathrm{II}}]$$

그림 15 물질의 잠재에너지 차이와 물질의 이동

접해 있는 경우, 어느 한 물질의 잠재에너지가 두 상에서 서로 다르면, 그 물질은 잠재에너지가 큰 상에서 작은 상으로 이동하게 될 것이다. 그리고 두 상에서 그 물질의 잠재에너지가 같아지면, 물질의 이동은 중단되고 두 상은 평형에 도달하게 된다. 이때 혼합물 중에 있는 특정 성분의 이동을 유발하는 추진력은 그 성분의 잠재에너지 차이가 되는 것이다. 이와 같이 물질의 잠재에너지는 상평형 계에서 물질의 이동 여부를 결정하는 기준으로 사용된다. 그러므로 온도, 압력, 잠재에너지, 이 세 가지 물성은 각각 열, 유체, 물질의 이동과 그에 대한 평형상태를 결정하는 독립변수로서 서로 유사성을 가진다.

상평형의 조건은 다음과 같이 요약된다. 그림 15와 같이 두 개의 서로 다른 상 I, II가 인접해 있을 때, 두 상이 평형상태에 있다면 그 상을 구성하는 모든 성분의 잠재에너지는 두 상에서 같은 값을 가지게 된다. 즉 다음 식이 성립한다.

$$\mu_i^{\mathrm{I}} = \mu_i^{\mathrm{II}} \tag{41}$$

식 (41)은 깁스가 고안한 물질의 잠재에너지 개념이 사용되는 가장 중요한 식이다. 실제로 상평형 계산을 위해서는 주어진 개별 상에 대한 μ_i의 방정식을 온도, 압력, 조성의 함수로 표시해야 한다. 그리고 식 (41)에 근거하여 그 방정식들에 대한 해를 구하면 그 결과가 각 상이 평형에 도달했을 때의 상태를 나타내게 된다.

물질의 잠재에너지는 다른 말로 '물질의 압력chemical pressure'이라고 부르기도 한다. 유체가 어느 한 방향으로 이동하기 위해서는 그 반대 방향에서 유체를 밀어주는 압력이 존재하여 압력 차가 발생해야 하는 것과 같이, 물질의 확산과 같은 물질의 이동이 일어나기 위해서는 물질의 압력 차이가 발생해야 한다는 것이다. 그러므로 물질의 잠재에너지chemical potential에 사용된 potential이란 단어를 압력pressure이란 뜻으로 해석한다면, 물질의 잠재에너지 개념이 더욱 분명하게 될 것이다.

Chapter 24

퓨가시티

퓨가시티fugacity는 열역학의 핵심 주제인 기-액 상평형 계산의 출발점을 제공해 주는 기본개념이다. 그러나 퓨가시티의 개념은 온도나 에너지와 같은 일반적인 열역학 개념에 비해 그 의미를 파악하기가 쉽지 않다. 왜냐하면 퓨가시티의 개념이 물질의 상평형과 기체의 비이상성과 같은 극히 전문적인 현상을 설명하기 위하여 특별히 정의되었기 때문이다.

우리가 접하는 열역학적 개념은 그 개념의 난이도에 따라 크게 세 가지로 나눌 수 있다. 첫째, 상식적인 수준에서 이해할 수 있는 가장 기본적인 개념을 들 수 있는데, 내부에너지, 온도, 열, 압력 등이 그것이다. 이들은 물질의 상태나 물성을 나타내는 기본개념들로서 별다른 지적 사고 없이도 이해하고 또한 사용할 수 있다. 따라서 이들을 1차적 개념이라고 부르기도 한다. 둘째, 엔탈피, 깁스에너지와 같은 개념은 1차적 개념을 이용하여 새롭게 정의된 것이며, 따라서 이들을 2차적 개념이라고도 한다. 셋째, 2차적 개념으로부터 다시 유도된 개념이 있는데 그 중의 하나가 바로 퓨가시티이다. 퓨가시티는 2차적 개념인 깁스에너지를 근거로 하여 정의된 3차적 열역학 개념이며, 따라서 여러 열역학 개념 중 그 개념적 난이도가 가장 높다고 하겠다.

퓨가시티 개념은 미국 MIT대 물리화학과 교수였던 루이스Gilbert N. Lewis에 의해 고안되었다. 그는 1901년에 발표한 〈물리화학적 변화의 법칙〉이라는 논문에서 퓨가시티의 개념을 처음으로 사용하였다. 그는 또한 1907년에 쓴 〈열역학적 화학의 새로운 체계에 대한 개요〉란 논문에서 퓨가시티와 더불어 활동도activity의 개념도 창안하여 사용하였다. 활동도의 개념에 대해서는 제25장에서 설명하겠다.

루이스는 궁극적으로 물질의 상평형을 설명하기 위하여 퓨가시티의 개념을 도입하였다. 그는 먼저 혼합물로 이루어진 두 개 이상의 상이 평형에 있을 때, 서로 다른 상 사이에 물질이 이동하는 현상을 설명하기 위하여 '이탈성향escaping tendency'이란 용어를 사용하였다. 루이스는 이탈성향의 개념을 온도와 열의 이동에 대한 관계를 통해 다음과 같이 설명하였다.

두 개의 다른 물체가 인접해 있다고 하자. 만일 두 물체 사이에 열의 이동이 없다면, 열의 이동을 유발시키는 그 무엇이 두 물체에서 동일하기 때문일 것이다. 만일 한 물체에서 다른 물체로 열이 이동한다면, 두 물체가 가지고 있는 그 무엇이 다르기 때문에 열이 이동하는 것이다. 또한 열을 잃어버리는 물체는 열을 받아들이는 물체에 비해 그 무엇의 강도가 세기 때문이라고 할 수 있다. 여기서 우리는 열의 이동을 유발시키는 그 무엇을 온도라고 부른다. 즉 열은 온도가 높은 물체에서 낮은 물체로 흐르며, 두 물체의 온도가 같아지면 더 이상 열의 이동은 없어지게 된다. 물체에서부터 열이 외부로 방출된다는 것은 물체의 온도가 외부의 온도보다 높다는 것이며, 또한 물체에서부터 열이 방출된다는 것은 물체의 내부에너지가 감소된다는 것을 의미한다. 따라서 물체의 온도란 물체의 내부에너지가 그 물체로부터 이탈하여 다른 곳으로 이동하려는 성향을 나타내는 척도가 된다. 그러므로 물체가 보유하고 있는 에너지에 대한 이탈성향은 그 물체의 온도에 비례한다. 즉 온도가 높은 물체는 에너지의 이탈성향이 크다고 말하고, 온도가 낮은 물체는 에너지의 이탈성향이 작다고 말한다. 따라서 물체의 온도는 그 물체가 보유한 에너지의 이탈성향을 측정하는 도구로 사용될 수 있다.

이와 같이 두 물체 사이에서 일어나는 에너지의 이동과 유사하게, 인접한 두 상 사이에서 물질의 이동이 일어날 때도 이탈성향의 개념을 적용할 수 있다. 인접한 두 개의 상에 임의의 성분 X가 포함되어 있고, 이 X 성분은 두 상 사이에서 이동할 수 있다고 하자. 이때 성분 X의 이탈성향이 두 개의 상에서 모두 동일하다면 그 성분은 이동하지 않을 것이다. 그러나 X 성분의 이탈성향이 두 상에서 다르다면, X 성분은 이탈성향이 큰 상에서 작은 상으로 이동할 것이다.

예를 들어 수용액이 비등하는 현상을 생각해 보자. 순수한 물이 비등한다는 것은 물분자가 액상에서 기상으로 이탈함을 의미한다. 이때 물분자는, 물분자의 이탈성향이 큰 액상에서 작은 기상으로 이동하게 된다. 만일 여기서 순수한 물에 소량의 소금이 녹게 되면, 이때 수용액의 비등점은 순수한 물의 비등점보다 높게 된다. 다시 말해 소금물은 순수한 물에 비해 더 높은 온도에서 끓게 된다. 즉 비등점 상승이 일어나는 것이다. 비등점이 높아진다는 것을 바꾸어 말하면 주어진 온도에서 물의 증기압이 감소한다는 것을 뜻한다. 증기압이 감소한다는 것은 물의 분자가 액체상태에서 기체상태로 이탈하고자 하는 성향이 감소한다는 것이다. 따라서 순수한 물에 소금을 녹임으로써 물분자의 이탈성향을 감소시키게 된다. 이와 같이 액체의 이탈성향은 액체의 증기압과 유사한 개념이다. 그러나 이탈성향과 증기압은 항상 동일하지만은 않다.

그림 16과 같이 순수한 성분의 액상과 기상이 공존하는 경우를 생각해 보자. 액상과 기상이 공존한다는 것은 액체로 존재하던 성분의 일부가 액체상으로부터 이탈하여 기체상으로 되었다는 것을 의미한다. 그리고 일정한 온도에서 이 성분의 증기압은 기상이 발휘하는 압력과 동일하다. 즉

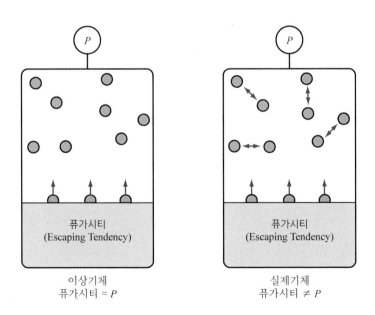

그림 16 이상기체와 실제기체의 퓨가시티와 압력

기상의 압력은 그 성분이 액체상에서 기체상으로 이탈하려는 정도를 나타내게 된다. 그러나 여기서 문제가 되는 것은 액체상의 상부에 형성되는 기체상이 이상기체 상태로 존재할 수도 있고 실제기체 상태로도 존재할 수 있다는 점이다. 먼저 기상이 이상기체로 존재하는 경우를 생각해 보자. 이상기체는 분자 상호간의 인력이 존재하지 않아 개별 분자가 주위의 분자에 영향을 받지 않고 독립적으로 움직이는 상태이다. 그러므로 순수한 성분이 액체상으로부터 이탈하여 기체상으로 된 다음 그 기체상이 이상기체를 이룬다면 기체상이 발휘하는 압력, 즉 증기압은 그 성분이 액체상에서부터 이탈하는 정도와 동일하다는 것이다.

그러나 기체상이 이상기체가 아닌 실제기체의 상태로 존재한다면 문제는 달라진다. 실제기체는 분자 상호간에 인력 및 반발력이 존재하므로 각각의 기체 분자는 주위 분자와의 상호작용에 의한 영향으로 그 운동이 제약을 받게 된다. 그러므로 실제기체는 이상기체에 비해 기상이 발휘하는 압력이 다르게 된다. 만일 분자 상호간에 인력이 존재한다면 압력은 이상기체에 비해 감소하게 될 것이고, 반발력이 존재한다면 압력은 증가하게 될 것이다. 즉 액체의 상부에 존재하는 기상이 실제기체로 존재한다면 그때의 압력은 기상이 이상기체로 존재할 때에 비해 크거나 작게 된다. 그러나 액체상의 상부에 존재하는 기체상이 이상기체이건 실제기체이건 상관없이, 일정한 온도에서는 순수한 성분이 액체상에서 기체상으로 이동하려고 하는 이탈성향은 동일하다. 즉 온도만 같으면 액체상에 있는 분자가 기화하려고 하는 성향은 같다는 것이다.

위의 설명을 정리하면 다음과 같다. 그림 16과 같이 온도가 동일한 두 용기에 담긴 순수한 성분이 기-액 평형에 존재할 때, 액체상의 분자가 기체상으로 이탈하려고 하는 이탈성향은 두 경우에서 모두 동일하다. 그러나 이때 형성되는 기상의 상태가 이상기체일 때는 기상에서 발휘되는 압력, 즉 증기압은 이탈성향과 같다. 그러나 기상이 실제기체를 이룬다면 기상의 압력, 즉 증기압은 액상으로부터 이탈하려고 하는 성향과 다른 값을 가지게 된다. 다시 말해 기상이 이상기체일 때는 증기압으로 물질의 이탈성향을 측정할 수 있지만(압력＝이탈성향), 실제기체일 때는 증기압으로 이탈성향을 나타내지 못한다는 것이다(압력≠이탈성향).

　루이스는 물질의 이탈성향을 퓨가시티라고 명명하였다. 퓨가시티는 물질이 달아나려고 하는 정도를 의미하며 한자어로 비산도飛散度라고 번역하기도 한다. 퓨가시티fugacity의 어원은 라틴어의 명사인 *fuga*(도망) 혹은 형용사인 *fugacis*(달아나는)이며, 이 말은 영어로 fly 혹은 flee의 뜻을 가지고 있다. 퓨가시티의 개념을 한마디로 나타내면, 물체의 온도와 같은 개념이라고 할 수 있다. 즉 어떤 물질이 가지는 온도의 높낮이는 그 물질의 에너지가 외부로 이탈하려고 하는 성향의 크고 작음을 뜻한다. 마찬가지로 물질이 갖는 퓨가시티는 그 물질 자체가 외부로 탈출하려고 하는 성향의 크기를 나타내는 것이다.

　루이스는 이탈성향을 퓨가시티라고 불렀지만, 퓨가시티란 개념을 도입하기에 앞서 애초에는 이탈성향을 나타내는 수단으로 깁스에너지를 사용하고자 하였다. 루이스의 목적은 에너지의 이탈성향을 측정하는 수단으로 온도라는 도구를 사용하는 것과 같이, 물질의 이탈성향을 측정하는 도구를 만드는 것이었다. 그 도구로 제일 먼저 사용한 것이 깁스에너지였다.

　깁스에너지는 제22장에서 설명한 바와 같이 상평형의 기준을 제공해 준다. 즉 평형에 존재하는 두 상의 깁스에너지는 같다는 것이다. 예를 들어 순수한 액체 물과 얼음이 일정한 온도에서 평형에 존재할 때, 물의 깁스에너지는 액체 물과 얼음상에서 동일해진다. 이것을 다른 말로 하면, 물의 이탈성향이 두 상에서 같으므로 두 상은 평형에 존재한다는 것이다. 루이스는 이러한 사실에 근거하여 물질의 이탈성향을 측정하는 도구로서 깁스에너지를 사용하고자 하였다.

　그러나 루이스는 깁스에너지를 사용하여 이탈성향을 나타내기에는 수학적으로 부적합한 점이 있다는 것을 발견하였다. 예를 들어 기체의 경우 압력이 0에 가까워지면 깁스에너지 값은 음의 무한대가 된다. 이 사실은 다음과 같이 설명된다. 만일 순수한 성분의 액상과 평형상태에 있는 기상이 이상기체인 경우 기상의 깁스에너지는 기상의 압력, 즉 증기압 P와 식 (42)와 같은 관계를 가지게 된다. 우선 깁스에너지에 대한 기본식을 쓰면,

$$dG = -SdT + VdP$$

평형에 있는 두 상은 온도가 같으므로 위 식에서 온도를 일정하게 놓고 이상기체 상태방정식을 적용하여 적분하면 다음과 같이 된다.

$$G = RT\ln P + B \tag{42}$$

여기서 B는 온도만의 함수이고, 온도가 일정한 경우는 상수가 된다. 이 식에서 만일 압력 P가 0에 가까워지면 G값은 음의 무한대가 된다. 그러므로 깁스에너지는 수학적인 관점에서 직접 사용하기 어려운 점이 있다. 그러므로 루이스는 이탈성향을 나타내는 도구로 깁스에너지 대신 식 (42)에서 보는 바와 같이 깁스에너지와 연관된 변수인 압력을 사용하였다.

루이스는 그림 16에서 설명한 바와 같이, 모든 기체가 이상기체라면 이탈성향은 바로 증기압이 되지만, 실제기체인 경우는 이탈성향과 증기압이 다르며, 따라서 증기압을 수정하여 이탈성향으로 사용하였다. 루이스는 이렇게 '수정된 증기압'을 퓨가시티라고 불렀다. 따라서 퓨가시티의 단위는 압력이 된다.

루이스는 이상기체와 실제기체 모두의 경우에 일반적으로 사용할 수 있는 수정된 증기압을 사용하여 식 (42)를 다음과 같이 다시 표시하였다.

$$G = RT\ln f + B \tag{43}$$

여기서 f가 수정된 증기압, 즉 퓨가시티이다. 식 (43)은 루이스가 퓨가시티를 정의하면서 최초로 사용했던 식이다. 그리고 퓨가시티는 이상기체일 경우 증기압과 같다. 식 (43)을 미분형으로 나타내면 다음과 같이 된다.

$$dG = RTd\ln f \qquad\qquad (44)$$

이 식은 현재 퓨가시티에 대한 일반적인 정의로 사용되고 있다. 이와 같이 퓨가시티의 개념은 물질의 이탈성향을 측정하기 위하여 깁스에너지와 증기압의 개념을 도입하는 과정에서 유래되었다. 만일 실제적으로 존재하는 모든 기체가 이상기체의 상태로만 존재한다면 퓨가시티라는 별도의 개념이 필요하지 않으며, 증기압만을 사용하여 물질의 이탈성향을 측정할 수 있다. 그러나 실제기체의 상태가 이상기체에서부터 벗어나는 정도가 크면 클수록 증기압과 이탈성향의 격차는 더욱 벌어질 것이다. 결론적으로 퓨가시티는 현실적으로 존재하는 모든 성분의 비이상성으로 인해 정의된 수정된 증기압이다.

퓨가시티의 개념은 주어진 성분의 액상이 그 성분의 기상과 공존할 때, 두 상 사이에서 발생하는 물질의 이동과 평형 현상을 설명하기 위하여 만들어졌다. 즉 액체상의 상부에 '기체상'이 존재하기 때문에 '압력'의 차원을 가진 증기압을 사용하여 이탈성향을 표시하였다. 왜냐하면 압력이라는 물성은 기체의 상태를 나타낼 때 중요한 변수로 사용되기 때문이다. 한편 주어진 성분의 '액체상'이 그 상과 혼합되지 않는 또 다른 '액체상'과 인접해 있는 경우에는 어떻게 되겠는가. 이때는 두 상 사이의 평형이나 물질이동을 설명하기 위하여 증기압이나 퓨가시티와 같이 압력의 단위를 가진 물성을 사용하기에는 부적당할 것이다. 왜냐하면 일반적인 액-액 평형계에서는 압력이 가해지는 일이 드물며, 따라서 압력이 변수로 사용되는 일이 거의 없기 때문이다. 이 경우에는 이탈성향을 나타내기 위해서 압력의 단위를 가진 변수보다 농도의 개념을 가진 변수를 사용하는 것이 더욱 편리하다. 특히 물질의 이동이 일어나는 상이 순수한 성분이 아닌 혼합물인 경우에는, 혼합물상에 존재하는 특정 성분의 농도가 그 성분의 증기압이나 부분압보다 더욱 현실적으로 사용될 수 있다. 이와 같은 동기에서 만들어진 또 다른 개념이 바로 활동도이다.

Chapter 25

활동도

활동도activity는 퓨가시티로부터 유도된 개념으로 퓨가시티의 개념을 만들었던 루이스Gilbert N. Lewis에 의해 정의되었다. 활동도의 단어적인 의미는 주어진 성분이 단일상 내에서 얼마나 활동적active인가 하는 것이다. 활동도는 결국 퓨가시티와 같은 의미를 가진 개념이지만, 활동도라는 개념을 굳이 정의한 이유는 혼합물 중에 포함되어 있는 특정 성분의 퓨가시티가 그 혼합물의 종류와 조성에 따라 변화한다는 점을 나타내고자 했기 때문이다.

루이스가 활동도의 개념을 도입한 근거는 다음과 같다. 만일 A라는 성분이 두 개의 서로 다른 별도의 혼합물 1, 2에 각각 포함되어 있고, 두 혼합물에서 A 성분의 농도가 다르다고 하자. 이때 혼합물 1과 혼합물 2에서 A의 퓨가시티를 각각 f_1, f_2라고 했을 때, 이 두 퓨가시티 값은 같지 않을 것이다. 왜냐하면 두 혼합물에서 A의 농도가 다르기 때문이다. 여기서 만일 순수한 상태로 존재하는 A 성분의 퓨가시티를 f^o라고 한다면, 이 값 또한 f_1이나 f_2와는 다른 값을 가지게 된다. 이와 같이 특정 성분의 퓨가시티 값은 그 성분이 순수한 상태인지 아니면 혼합물의 상태인지, 만일 혼합물이라면 그 농도가 얼마인지, 그리고 어떤 종류의 성분들과 같이 섞여 있는지에 따라 모두 변화하게 되는 것이다. 활동도는 이와 같이 변화하는 퓨가시티를 어떤 기준점을 정하여 그 기준값에 대한 상대적인 값으로 나타낸 것이다.

활동도의 정의는 다음과 같다. 위에서 설명한 혼합물 1에 포함되어 있는 A 성분의 활동도를 a_1이라고 하면

$$a_1 = \frac{f_1}{f^o} \tag{45}$$

과 같이 된다. 즉 혼합물 중에 있는 한 성분의 활동도란, 혼합물 상태에 있을 때의 퓨가시티를 그 성분이 순수한 상태에 있을 때의 퓨가시티로 나눈 값이다. 여기서 물론 혼합물과 순수한 상태의 성분은 같은 온도와 압력

하에 존재한다. 루이스는 활동도를 일컬어 혼합물 중의 퓨가시티를 순수한 상태에 있을 때의 값과 비교한 '상대적 퓨가시티'라고 불렀다. 그리고 순수한 상태를 다른 말로 표준상태라고 지칭하고 그 표준상태에 대한 정의를 따로 내렸다.

순수한 상태에 있는 성분의 퓨가시티는 온도와 압력만 일정하면 항상 같은 값을 가진다. 그러나 혼합물 중에 있는 어느 한 성분의 퓨가시티는 그 성분의 농도와 혼합물을 구성하고 있는 다른 성분의 종류에 따라서 달라진다. 예를 들어 첫째, 두 개의 혼합물 1, 2가 있다고 하자. 그리고 이 두 혼합물은 모두 A, B, C 세 성분으로 구성되어 있으며, 각 성분의 농도는 혼합물 1과 혼합물 2에서 다르다고 하자. 다시 말해 두 혼합물에서 A, B, C 세 성분이 다른 비율로 섞여 있다는 것이다. 이때 성분 A의 활동도는 혼합물 1과 혼합물 2에서 서로 다른 값을 가지게 된다. 둘째, 두 개의 혼합물 1, 2가 있을 때, 혼합물 1은 성분 A, B, C로 구성되어 있고, 혼합물 2는 성분 A, B, F로 구성되어 있다고 하자. 그리고 세 성분의 농도는 두 혼합물에서 같다고 하자. 다시 말해 두 혼합물에서 세 성분이 동일한 비율로 섞여 있다는 것이다. 이때도 성분 A의 활동도는 혼합물 1과 혼합물 2에서 서로 다른 값을 가진다. 왜냐하면 두 혼합물을 구성하는 성분의 종류가 다르기 때문이다. 이와 같이 혼합물 중에 존재하는 한 성분의 활동도는 그 성분의 농도와 혼합물을 구성하는 성분의 종류에 따라 변화한다. 그러므로 한 성분의 활동도 값은 그 성분이 포함되어 있는 혼합물의 종류와 농도를 반영한 값이 되는 것이다.

퓨가시티의 개념이 이상기체의 존재를 전제하여 성립한 것과 같이 활동도의 개념은 이상용액이 존재한다는 사실에 근거하여 성립한다. 제27장에서 설명하겠지만, 이상용액이란 용매에 용질이 녹아 있을 때 용매 분자와 용질 분자의 크기가 같고 그 분자들 사이에 작용하는 분자 간 힘이 모두 같은 용액을 말한다. 다시 말해 한 성분이 순수한 상태로 존재할 때나 다른 성분과 섞여 있는 상태로 존재할 때나 그 성분의 분자들 간에 미치는 상호작용이 동일하다는 것이다. 이러한 이상용액의 정의를 염두에 두고 다음과 같은 경우를 통해 활동도의 개념을 생각해 보자.

결론부터 말하면, 두 개의 다른 상이 인접해 있을 때 어느 한 성분의 활동도가 두 상에서 모두 같다면 그 성분은 상 사이에서 이동하지 않는 반면, 한 상에서의 활동도가 클 경우 그 성분은 활동도가 큰 상에서 작은 상으로 이동하게 된다. 예를 들어 보자. 어떤 용매에 성분 X가 용해되어 있는 혼합용액을 I상이라 하자. 만일 I상이 X 성분을 포함하고 있지 않는 다른 액상인 II상과 인접하게 되면, X 성분은 두 상 간의 농도 차이에 따라 I상에서 II상으로 이동하게 될 것이다. 즉 성분 X가 I상으로부터 이탈하게 되며, 그 이탈하고자 하는 성향은 I상에 녹아 있는 X 성분의 농도에 비례하게 됨은 분명한 사실이다. 왜냐하면 I상에서 X의 농도가 클수록 X를 포함하지 않는 II상과의 농도 차, 즉 물질전달 추진력이 커지기 때문이다. 성분 X의 이동이 진행되면 I상의 농도는 감소하게 되는 반면 II상의 농도는 증가하게 되며, X 성분의 이동은 두 상의 농도구배가 없어질 때까지 계속될 것이다. 여기서 두 가지의 다른 경우를 생각할 수 있는데, 첫째는 두 용액이 모두 이상용액인 경우이며, 둘째는 두 용액이 이상용액이 아닌 실제용액인 경우이다.

두 액상이 모두 이상용액인 경우 X 성분의 이동이 정지되는 순간은 두 상에서 X 성분의 농도가 동일해질 때가 될 것이다. 예를 들어 X 성분이 이동한 후 I상에서 X 성분의 농도가 0.3이 된다면, II상에서도 0.3이 되어야 이동이 중지된다. 그러나 두 액상이 모두 실제용액인 경우 X 성분의 이동이 정지되려면, 즉 평형상태에 도달하려면 반드시 두 상에서 X 성분의 농도가 같아져야 되는 것은 아니다. 실제용액에서는 X 성분이 녹아 있는 용매의 종류에 따라 X 성분의 분자와 주위에 있는 용매 분자 간의 상호작용이 다르다. 그러므로 용매, 즉 상을 구성하는 물질의 종류에 따라 X 성분 분자가 활동하는 정도가 다르게 된다. 또한 그 활동하는 정도는 X 성분이 그 상으로부터 이탈하여 다른 상으로 이동하려는 경향을 나타내기도 한다. 결국 실제용액이 인접한 경우 X 성분은 그 활동하는 정도가 큰 상에서부터 작은 상으로 이동하게 되고, 두 개의 상에서 X 성분이 활동하는 정도가 같아질 때까지 이동이 계속될 것이다. 다시 말해 두 상에서 X 성분의 활동도가 같아질 때 이동은 정지되고 평형에 도달하게 된다.

위의 설명에 대한 실제적인 예를 그림 17과 같이 들어보기로 하자. 소량의 초산을 포함하고 있는 물에 순수한 상태의 비닐아세테이트상이 인접해 있다고 하자. 초산은 물뿐만 아니라 비닐아세테이트에도 용해되는 성분이다. 그러나 비닐아세테이트는 물과 부분적인 용해도를 갖지만 완전히 혼합되지는 않는다. 그러므로 초산을 포함한 물과 비닐아세테이트가 섞이면 수용액상과 비닐아세테이트상으로 나누어지게 된다. 그리고 초기에 수용액상에 존재하던 초산이 비닐아세테이트상으로 이동하게 되며 결국 평형에 도달하게 된다. 이때 만일 초산을 포함한 수용액상과 비닐아세테이트상이 모두 이상용액을 이룬다면 평형에 도달한 시점에서 두 개의 상에 존재하는 초산의 농도는 같을 것이다. 그러나 실제로 이 두 용액은 이상용액이 아니며, 따라서 초산의 이동이 정지되어 평형을 이루었을 때 두 상에서 초산의 농도는 같지 않다. 실험에 의하면, 평형상태에 도달했을 때 수용액상의 초산 농도는 37%가 되며, 비닐아세테이트상의 초산 농도는 19%가 된다. 여기서 초산이 더 이상 이동하지 않는 이유는 초산이 두

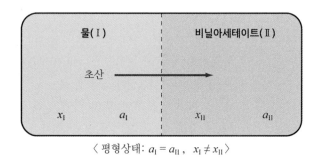

⟨ 평형상태: $a_\mathrm{I} = a_\mathrm{II}$, $x_\mathrm{I} \neq x_\mathrm{II}$ ⟩

그림 17 액상의 평형과 두 상에서의 활동도 및 농도

상에서 가지고 있는 그 무엇이 같기 때문일 것이며, 그것이 농도가 아님은 분명하다. 루이스는 두 상에서 같아지는 그 무엇을 활동도라고 명명하였다. 그러므로 그림 17과 같이 두 상에서의 초산 농도 x_I과 x_{II}는 같지 않아도, 두 상에서 초산의 활동도 a_I과 a_{II}가 같기 때문에 초산은 더 이상 이동하지 않고, 두 상은 평형상태에 존재하게 된다.

활동도의 개념을 사람에 비유해서 생각해 보자. 사람은 사회적 동물이기 때문에 사람이 처한 환경과 자기 주변에 있는 사람들의 영향을 많이 받는다. 인간이 가진 천성은 쉽게 변하지 않겠지만, 기호나 습관과 같은 사소한 성격은 절대적이라기보다는 자기가 만나는 사람에 따라 적지 않게 변하는 경향이 있다. 예를 들어 A라는 사람이 초등학교, 중학교, 고등학교 동창회 그리고 현재의 직장동료 등 여러 집단의 사람들을 만난다고 하자. 그 집단들을 구성하는 사람들의 성격은 모두 다를 것이고, 그에 따라 A가 각각의 집단에서 하는 말과 행동은 조금씩 다를 수 있다. 예를 들어 초등학교 동창회에 가면 자기와 친한 동료들이 많아 말도 많이 하고 모든 행사에 적극적으로 나서게 된다. 반면 고등학교 동창회에서는 자기와 친했던 친구들이 잘 나오지 않아 참석은 하지만 별로 적극적인 행동을 보이지 않게 된다. 이때 두 동창회에 소속된 사람들에게 A의 성격을 각각 묻게 되면 초등학교 동창들은 A는 매사에 적극적이고 활달한 성격을 가지고 있다고 할 것이고, 고등학교 동창들은 A는 좀 소극적이고 내성적이라고 대답할 것이다. 다시 말해 사람의 성격은 그 사람이 처한 환경에 지배를 받게 되며, 그 사람이 한 집단에서 얼마나 활동적이냐를 결정하게 된다. 이것이 사람이 아니고 물질일 때 그 물질의 성격, 즉 활동도는 그 물질이 어떤 성분과 혼합되어 있느냐에 따라 달라진다.

예를 들어 에탄올이나 벤젠과 같은 물질을 구성하는 개별 분자들은 분자 고유의 회전, 진동, 전이 등의 운동을 하고 있으며, 또한 구성 분자들 사이에는 인력이나 반발력과 같은 분자 상호작용이 존재한다. 또한 개별 분자가 가지는 분자에너지는 분자 상호작용의 크기에 따라 달라지며, 따라서 분자에너지는 그 분자 주위에 있는 다른 분자의 종류에 영향을 받게 된다. 이 분자에너지를 다른 말로 분자의 성격 혹은 분자의 활동도라 표현하였다.

혼합물 중 한 성분의 활동도는 그 성분의 농도에 따라 달라진다. 활동도의 정의식인 식 (45)에 의하면, 성분이 순수한 상태에 있을 때 그 성분의 활동도는 1이 된다. 다시 말해 그 성분의 농도, 즉 몰분율이 1이면 활동도가 1이라는 것이다. 만일 그 성분이 혼합물 중에 존재하여 몰분율이 1보다 낮아지면, 활동도도 그에 따라 변하게 될 것이다. 다시 말해 특정성분의 활동도는 그 성분의 농도와 일정한 상관관계를 가지게 되는데, 그 관계를 규정한 것이 바로 활동도 계수activity coefficient이다. 혼합물 중에 있는 성분 i의 활동도 a_i는 다음과 같은 식으로 표현된다.

$$a_i = \gamma_i x_i \tag{46}$$

여기서 γ_i는 활동도 계수, x_i는 혼합물 중 i 성분의 몰분율이다.

활동도 계수는 한 성분의 활동도와 몰분율의 관계에 대한 비례상수이다. 만일 활동도 계수가 1이라면, 한 성분의 활동도는 그 성분의 몰분율과 같다. 즉 이 혼합물은 이상용액이라는 말이다. 다시 말해 이상용액에서는 한 성분이 혼합물 내에서 얼마나 활동적인가 하는 것은 그 성분의 절대량이 얼마나 많은가 하는 것과 같다. 그러나 실제용액에서는 그렇지 않다. 예를 들어 i 성분과 j 성분의 혼합물인 실제용액을 생각해 보자. 실제용액에서는 같은 종류의 분자 사이에 존재하는 상호 인력이 다른 분자 사이의 상호 인력과 같지 않다. 즉 $i-i$ 간의 상호 인력이 $i-j$ 간의 상호 인력과 다르다는 것이다. 만일 $i-i$ 간의 인력이 $i-j$ 간의 인력보다 크다면, i 성분의 활동도 계수 γ_i는 1보다 큰 값을 가진다. 그리고 식 (46)에 의해서 i 성분의 활동도는 그 성분의 몰분율보다 크게 된다. 만일 $i-i$ 간의 인력이 $i-j$ 간의 인력보다 작으면, i 성분의 활동도 계수 γ_i는 1보다 작은 값을 가지게 된다. 그리고 식 (46)에 의해서 i 성분의 활동도는 그 성분의 몰분율보다 작은 값을 가지게 된다.

이와 같이 혼합물 중 한 성분의 활동도는 그 성분의 양에도 비례하지만 어떤 성분들과 같이 혼합물에 공존하느냐에 따라서도 크게 변화하게 된다. 예를 들어 아세톤이 메탄올과 혼합되어 있을 때 아세톤의 활동도 계수는 1보다 크며, 아세톤이 클로로포름과 혼합되어 있을 때의 활동도 계수는 1보다 작다. 즉 아세톤의 활동도를 주위에 있는 다른 성분들이 결정하게 되는 것이다.

활동도는 퓨가시티와 함께 물질의 이탈성향을 표시하기 위한 개념적 도구로 사용되었다. 이 두 개념이 성립된 근거는 깁스에너지와 물질의 잠재에너지에 대한 기본개념이다. 그러므로 결국 활동도와 퓨가시티는 혼합물상에 존재하는 한 성분의 에너지를 표시하는 또 다른 도구인 것이다. 따라서 이 물성들은 다음에 설명할 혼합물과 부분성질에 대한 개념들과도 직접 연결되어 있다.

Chapter 26

혼합물과 부분성질

Mixtures & Partial Properties

우리가 화학공학에서 다루는 대부분의 물질들은 어떤 상태로 되어 있는가. 제품을 생산하기 위하여 투입하는 원료를 비롯해 이 세상에 존재하는 수많은 종류의 물질은 모두 순수한 상태가 아닌 혼합물의 상태로 존재한다. 우리가 주변에서 접할 수 있는 물질 중 순수한 상태로 존재하는 것이 과연 존재하는가를 생각해 본다면, 정말 순수한 상태로만 존재하는 물질은 없구나 하는 결론에 도달하게 된다.

예를 들어 우리가 마시는 물은 순수한 물분자로만 구성되어 있지 않고, 미량의 금속성분, 불순물 등이 다량 포함되어 있다. 그 외에 인간의 생활환경을 구성하는 물질인 공기, 토양, 암석, 해수 이 모든 것들은 혼합물의 형태로 존재한다. 심지어 가장 순수한 상태로 간주되는 보석 결정들도 규소화합물과 미량의 불순물의 혼합물이다. 보석의 빛깔이 이 미량의 불순물에 의한 것이고, 불순물의 종류에 따라 보석의 빛깔이 달라진다는 것은 널리 알려진 사실이다.

화학공학과 관련된 대표적인 혼합물은 원유이다. 원유는 오랜 세월에 걸쳐 형성된 유기화합물의 집합체이며, 수없이 많은 성분들이 섞여 있는 혼합물이다. 그리고 이 원유를 정제하여 얻은 제품인 가솔린, 나프타, 경유, 등유 등도 또한 많은 탄화수소 성분의 혼합물이다. 실험실에서 구입하는 에탄올, 아세톤과 같은 일반 시약 중 순도가 높다고 하는 시약의 최대순도가 99.5%보다 높은 경우는 그리 흔하지 않다. 결국 엄격하게 말해서 지구상에 100% 순수한 상태로만 존재하는 물질은 사실상 없다고 해도 과언이 아니다. 일반적으로 사람이 마시는 음료수나 순도가 99.5% 정도 되는 시약 등을 통상적으로 순수한 상태라고 부르지만, 분석화학적인 측면에서는 순수하다는 말을 사용할 수 없다. 그러므로 화학공학의 주된 분야 중의 하나가 혼합물을 더 순수한 상태로 만드는 증류, 추출과 같은 분리공정임을 상기할 때, 이 공정들에 투입되고 또한 생산되는 혼합물의 물성을 나타내고 측정하는 것은 매우 중요한 과제라고 할 수 있다.

혼합물이란 무엇인가. 그것은 순수한 물질 두 가지 이상이 일정 비율로 혼합되어 있는 상태를 말한다. 열역학에서 해결해야 하는 혼합물에 대한 과제는 혼합물의 몰당 부피, 엔탈피 등과 같은 물성을 구하는 일이다. 혼합물의 물성을 구하는 방법은 그 혼합물을 구성하는 각 성분이 순수한 상태로 존재할 때 가지는 물성을 이용하여 구하는 것이 원칙이다. 예를 들어 두 액체성분 A, B가 같은 비율로 50%씩 섞여 있는 혼합용액 1몰당의 부피를 구하고 싶다고 하자. 이때 순수한 상태로 있는 두 성분의 1몰당 부피를 알고 있으면, 이 혼합물 1몰당의 부피는 두 성분 부피의 단순한 산술평균이 된다고 생각할 수 있다. 왜냐하면 두 성분이 반반씩 포함되어 있기 때문이다. 만일 이 혼합물이 이상용액을 이룬다면 그것이 사실이다. 그러나 실제로는 그렇게 간단한 산술로 혼합용액 1몰당의 부피를 계산할 수 없다. 왜냐하면 물질이 순수한 상태로 존재할 때와 다른 성분과 혼합된 상태로 존재할 때 그 물질의 물성은 달라지기 때문이다.

혼합물에 대한 해석을 간단히 하기 위하여 열역학에서는 이상용액의 개념을 사용한다. 이상용액이란 서로 다른 성분이 혼합되어 있을 때, 그 구성 성분의 분자 크기가 모두 같고 분자 간에 미치는 상호 인력과 반발력이 성분의 종류에 관계없이 동일한 혼합물을 말한다. 물론 이상용액은 실제로는 존재할 수 없는 가상적인 개념이다. 그러나 굳이 이상용액의 예를 들자면, 어떤 성분이든 순수한 상태로 존재할 때는 모두 이상용액의 조건을 만족시킨다. 왜냐하면 순수한 물질은 구성 분자의 크기가 모두 같고, 분자 간 상호작용도 같기 때문이다. 반면 실제용액에서는 구성 분자의 크기가 다른 것은 물론이고 그 분자들 간의 상호작용이 순수한 상태로 있을 때와 다르다. 위에서 언급한 성분 A와 B를 생각해 보자. 성분 A와 B가 순수한 상태로 있을 때 분자 간 상호작용의 크기를 각각 $A-A$와 $B-B$라고 했을 때, 만일 두 성분이 혼합된다면 그 상호작용의 크기는 변화하게 된다. 왜냐하면 서로 다른 성분 간의 상호작용인 $A-B$가 발생하므로, 이 상호작용으로 인하여 같은 분자끼리의 인력 및 반발력의 크기인 $A-A$와 $B-B$가 영향을 받기 때문이다. 분자 간의 상호작용이 달라진다는 것은 그 분자가 움직일 수 있는 반경이나 분자의 운동에너지와 같이 그 성분의 물성에 직접적으로 영향을 미치는 인자가 변화한다는 것이다.

액체상태로 있는 물질의 1몰당의 부피, 엔탈피와 같은 물성은 분자 간 상호작용에 직접적인 영향을 받는다. 그러므로 이러한 물성은 어떤 물질이 순수한 상태로 있을 때와 다른 성분과 혼합된 상태에 있을 때 그 값이 달라진다. 예를 들어 A 성분이 순수한 상태로 있을 때 1몰당의 부피는, 그 성분이 B 성분과 혼합되어 있는 상태에서 가지는 1몰당의 부피와는 다르다는 것이다. 또한 그 다른 정도는 두 성분이 혼합되는 비율에 따라서도 달라진다. 이러한 사실 때문에 부분성질의 개념이 필요한 것이다.

부분성질partial property은 어떤 물질이 다른 성분과 혼합되어 있을 때 가지는 물성을 말한다. 부분성질 중 가장 대표적인 것이 부분부피partial volume이다. 이 개념을 쉽게 설명하기 위하여 우리가 마시는 술을 생각해 보자. 술은 물과 알코올 성분의 혼합물이다. 실제 술에는 이 두 성분 이외에 극소량의 매우 많은 식품성분이 함유되어 있지만, 여기서는 순수한 물과 에탄올을 혼합하여 우리가 원하는 농도의 술을 제조한다고 생각해 보자. 예를 들어 부피 분율로 20% 에탄올이 함유된 술 100 cc를 만들려면 어떻게 하면 되는가. 쉽게 생각하면 당연히 물 80 cc와 에탄올 20 cc를 혼합하면 에탄올 농도가 20%인 술 100 cc가 된다고 할 것이다. 그러나 이것은 사실이 아니다. 왜냐하면 물과 에탄올이 각각 순수한 상태로 있을 때는 그 부피가 80 cc, 20 cc이지만 두 성분이 혼합되면 각 성분의 부피가 이 값과는 달라지기 때문이다. 이 경우와 같이 물과 에탄올이 80 대 20의 비율로 혼합되었을 때는 순수한 상태로 있을 때와 비교하여 물은 그 부피가 약 3%, 에탄올은 약 5% 정도 감소하게 된다. 다시 말해 물과 에탄올의 부분부피는 순수한 상태의 부피보다 이 비율만큼 작은 값을 가지게 되고, 따라서 물의 부분부피는 약 77 cc, 에탄올의 부분부피는 약 19 cc가 된다. 그러므로 물 80 cc와 에탄올 20 cc를 혼합하면 그 혼합물의 부피는 100 cc보다 작은 값을 가지게 되는 것이다. 실제로 그 부피를 측정하면 이 물과 에탄올 혼합물의 부피는 약 96 cc가 된다. 즉 물과 에탄올의 부분부피인 77 cc와 19 cc를 합친 값이 되는 것이다.

이러한 현상 때문에 오랜 옛날 양조장을 경영하는 사람들과 일반 소비자들 사이에는 잦은 분쟁이 일어났다고 한다. 왜냐하면 제조한 술의 알코올 도수와 술의 절대량 사이의 관계가 간단한 산술로는 계산되지 않았기 때문이다. 그러므로 소비자가 원하는 술의 절대량, 즉 총 부피를 정해 놓고 동시에 원하는 알코올 도수를 맞추기는 매우 어려운 일이 될 것이다. 따라서 때로는 양조장 주인이 술의 도수를 속였다고 주장하는 일이 빈번하게 발생했다고 한다. 술의 도수를 영어로는 proof라고 하는데 그 이유는 이러한 분쟁 때문에 술의 농도를 '증명'해야 했기 때문이다.

물과 에탄올이 혼합되었을 때 그 부피가 줄어드는 것은 물과 에탄올 사이의 친화력이 물과 물, 에탄올과 에탄올 사이의 친화력보다 강하기 때문이다. 즉 물과 에탄올이 혼합되었을 때, 두 성분의 분자 간 인력이 순수한 상태로 있을 때보다 강해져 분자 간의 간격이 좁아지므로 전체 분자들이 차지하는 공간, 즉 부피가 감소하는 것이다. 한편 물과 에탄올의 경우와는 반대로 두 성분을 혼합하면 부피가 증가하는 혼합물도 존재한다. 예를 들어 두 성분을 각각 80 cc와 20 cc 혼합하면 그 부피가 103 cc가 되는 경우도 있다는 것이다. 이것은 두 성분이 혼합되었을 때 두 성분 간의 인력이 순수한 상태로 있을 때보다 약해지는, 다시 말해 분자 간의 반발력이 증가하는 경우이며, 따라서 분자들 간의 간격이 커져 분자들이 차지하는 공간인 부피가 증가하는 것이다. 즉 한 성분의 부분부피가 순수한 상태보다 커지는 경우이다. 이와 같이 부분부피는 혼합되는 성분의 종류와 또한 그 성분이 혼합되는 비율에 따라 다르며, 순수한 상태에서 가지는 부피에 비해 증가 혹은 감소하는 것이다. 만일 혼합물이 이상용액을 이룬다면 부분부피는 순수상태의 부피와 동일하게 된다.

여기에서 한 가지 재미있는 경우를 생각해 보자. 순수한 성분의 부피는 항상 양의 값을 가진다. 다시 말해 물질의 부피는 항상 0보다 크며, 어떤 성분이든 그 부피가 0보다 작아진다는 것은 불가능한 일이다. 또한 성분이 다른 성분과 혼합물을 이룰 때 그 성분의 부분부피는 순수부피와 비교하여 증가 혹은 감소할 수는 있지만, 여전히 일정한 양의 값을 가진다. 그러나 어떤 특별한 경우에는 한 성분의 부분부피가 0보다도 작은 음의 값을 가질 수도 있다.

부분부피가 음의 값을 가진다는 것은 무엇을 의미하는가. 그것은 주어진 부피의 순수액체 혹은 혼합물에 어떤 성분을 소량 가했을 때, 그 혼합물의 전체부피가 성분을 가하기 전의 값보다 감소한다는 것이다. 이 의미를 다음과 같은 부분부피의 정의식을 통하여 생각해 보자.

$$\overline{V_i} = \left(\frac{\partial (nV)}{\partial n_i} \right)_{P,T,n_j} \tag{47}$$

식 (47)의 의미는 혼합물의 온도와 압력이 일정하고, i 성분 이외의 물질의 양이 일정할 때, 추가된 i 성분의 변화량에 대한 전체부피의 증가량이 i 성분의 부분부피란 뜻이다. 혼합물에 일정량의 성분 i가 추가되면 식 (47)의 분모 ∂n_i는 양수가 된다. 그리고 만일 그에 따라 전체부피가 증가하면 분자 $\partial (nV)$는 양수가 된다. 따라서 부분부피 $\overline{V_i}$는 양의 값을 가지게 된다. 이것이 일반적으로 일어나는 현상이다. 다시 말해 혼합물에 어떤 성분 i를 추가하면 그 혼합물의 전체부피는 그 양이 얼마이든 간에 늘어나는 것이 정상이다. 그러나 어떤 특별한 경우에는 i 성분이 추가되었을 때, 혼합물 전체의 부피가 감소하는 현상이 발생할 수 있다는 것이다. 그리고 그에 따라 식 (47)의 분자 $\partial (nV)$는 음수가 되어 부분부피 $\overline{V_i}$는 0보다 작은 값을 가지게 되는 경우가 있다.

예를 들어 설명해 보자. 어떤 순수한 상태에 있는 액체성분 100 cc에 A라는 성분 3 cc를 첨가하면, 기존의 액체성분과 A 성분이 합쳐진 최종 부피가 98 cc가 될 수 있다는 것이다. 이때 A 성분의 부분부피는 0보다 작은 값이 된다. 여기서 염두에 두어야 할 것은 이 현상이 물질의 질량불변의 법칙에 위배되는 현상은 아니라는 것이다. 즉 A 성분이 추가되면 그 추가된 질량만큼 혼합물의 질량은 당연히 늘어난다. 그러나 부피는 오히려 감소하게 된다. 그러면 어떻게 해서 이런 현상이 일어날 수 있는가. 그것은 기존 물질의 분자와 첨가되는 성분 분자와의 친화력의 강노 때문이다. 위에서 언급한 순수한 액체성분의 분자와 추가되는 A 성분 분자 사이의 친화력이 매우 강하고, 그 친화력의 강도가 같은 성분끼리의 친화력보다 훨씬 크다면 이와 같은 현상이 일어난다. 만일 순수한 액체성분에 A 성분 분자 한 개가 첨가되었다고 하자. A 성분 분자는 액체성분의 분자를 끌어당기는 힘이 매우 강하므로 A 성분의 분자 주위로 여러 개의 다른 분자들이 모여들어 그림 18과 같이 하나의 군집체를 이루게 된다. 그러므로 다수의 A 성분 분자들이 존재할 때 이러한 군집체가 다량 형성되어 결국 액체성분의 부피는 A 분자들이 없을 때에 비해 수축하게 되는 것이다.

　이러한 현상은 실제로 일반 액체 용액에서 일어나는 일은 드물고 액체

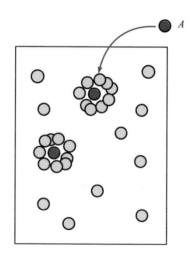

그림 18 A 성분의 추가에 따른 분자 군집체의 형성

나 기체가 고온, 고압하에 존재할 때 주로 발생하게 된다. 예를 들면 물이 임계점 이상의 상태에 있을 때 소량의 소금(NaCl)이 첨가되는 경우이다. 물의 임계온도는 374℃, 임계압력은 221 bar이다. 물을 피스톤과 실린더로 이루어진 부피를 조절할 수 있는 고압조 내에 투입한 다음, 임계온도와 임계압력 이상의 상태로 만들어 일정한 부피를 유지하게 한다. 그리고 온도와 압력을 일정하게 유지하면서 소량의 소금을 투입하면 고압조의 부피는 감소하게 된다. 즉 소금이 첨가됨으로써 용액의 전체부피가 줄어든 것이다. 이때 소금의 부분부피는 0보다 작은 값을 가지게 된다.

사실 위와 같은 예는 아주 드문 경우이며, 임의의 액체나 기체 혼합물에 어떤 순수한 성분을 일정량 추가했을 때 그 전체부피가 증가하는 것이 일반적인 현상이다. 그러나 그 증가하는 부피의 비율이 반드시 추가하는 순수성분의 부피에 비례하지는 않고, 그 성분의 부분부피에 해당하는 양만큼 증가한다는 것이다. 이것이 부분성질의 기본개념이다. 부분성질은 지금까지 설명한 물질의 부피뿐만 아니라 물질의 에너지에도 동일하게 적용된다. 다시 말해 혼합물에 어떤 성분 1몰을 추가했을 때, 그 혼합물의 엔탈피가 증가하는 양은 추가되는 성분이 순수한 상태에 있을 때 가지는 1몰당 엔탈피만큼 증가하는 것이 아니라, 그 성분의 부분엔탈피partial enthalpy 만큼 증가한다는 것이다.

부분성질 중 가장 중요한 물성은 부분 깁스에너지partial Gibbs energy이다. 부분 깁스에너지의 정의식은 제23장의 식 (40)과 같다. 다시 말해 부분 깁스에너지를 다른 말로 표현한 것이 물질의 잠재에너지이다. 물질의 잠재에너지, 즉 물질의 부분 깁스에너지는 그 성분이 다른 성분과 혼합되어 있는 상태에서 1몰당 가지는 깁스에너지를 말한다.

여기서 한 가지 중요한 사실이 있다. 전술한 바와 같이 혼합물이 이상용액일 때 그 구성 성분의 부분부피는 그 성분이 순수한 상태로 존재할 때의 부피와 동일하다. 그러나 혼합물 중 한 성분의 부분 깁스에너지는 그 혼합물이 이상용액일지라도 순수상태일 때의 깁스에너지와는 다르다.

그리고 이상용액 중 한 성분의 부분 깁스에너지는 혼합물 구성 성분의 종류에는 관계없이 그 성분의 조성이 달라지면 그에 따라 변화하게 된다. 이 점에 대해서는 제27장에 다시 설명하기로 한다.

물질의 부분성질에 대한 개념은 혼합물 내에서 서로 다른 분자 사이에 미치는 상호작용을 통해 설명될 수 있지만, 특정한 분자 열역학적 근거를 사용하여 그 값을 이론적으로 계산하기란 매우 힘들다. 그러므로 혼합물의 부분성질은 실험과 그에 부합하는 실험식을 통하여 경험적으로 구하게 된다.

Chapter 27

이상용액

이상용액은 실제로 존재하지는 않지만 실제용액의 물성을 구하기 위해서 반드시 알아야 되는 개념이다. 이상용액은 주로 액체로 존재하는 혼합물에 적용하기 위하여 만들어졌다. 기체의 이상적인 모델이 이상기체인 것과 같이 액체 혼합물의 이상적인 모델이 이상용액이다. 그러나 이상용액의 개념이 반드시 액체에만 적용되는 것은 아니며 기체 혼합물에도 이상용액의 정의가 적용될 수 있다.

이상기체는 분자의 크기가 없고, 분자 상호간에 미치는 힘이 존재하지 않는 기체를 말한다. 반면 이상용액은 분자의 크기가 같고 또한 분자 상호간에 미치는 힘이 분자의 종류에 관계없이 동일한 용액을 말한다. 여기서 알아야 하는 사실은 용액이란 말이 꼭 액체만을 지칭하는 것이 아니라는 것이다. 용액solution이라 함은 여러 성분이 섞여dissolve 있는 '혼합물'이란 뜻이며, 그 혼합물이 액체이건 기체이건 용액이란 말로 부를 수 있다. 예를 들어 어떤 기체 혼합물의 분자 크기가 모두 같고, 분자 상호간에 미치는 힘이 모두 동일하다면, 그 기체 혼합물은 이상용액이 되는 것이다.

우리가 알고 있는 모든 혼합용액은 물론 이상용액은 아니지만, 벤젠과 톨루엔의 혼합물과 같이 분자구조가 비슷한 성분의 혼합물은 이상용액에 가깝다고 할 수 있다. 여러 성분의 혼합물이 이상용액을 이룰 때 가지는 가장 큰 특징은 서로 다른 분자 간에 미치는 상호작용이 분자의 종류에 관계없이 모두 동일하다는 것이다. 이 사실에 근거하여 이상용액을 이루는 혼합물 중 한 성분의 조성과 그 물질의 잠재에너지에 대한 관계를 쓰면 다음과 같다.

$$\mu_i^{id} = \mu_i^* + RT\ln x_i \qquad (48)$$

이 식은 깁스에너지의 정의에서부터 쉽게 유도되며, 그 유도과정은 대부분의 열역학 교재에서 찾을 수 있다. 여기서 μ_i^{id}은 이상용액 중 한 성분의 물질의 잠재에너지, μ_i^*는 그 성분이 순수한 상태에서 가지는 물질의 잠재에너지, x_i는 혼합물 중 i성분의 몰분율이다. 성분이 순수한 상태에 있을 때 물질의 잠재에너지는 깁스에너지와 같으므로 $\mu_i^* = G_i$가 되며, 이상용액 혼합물 중에 있는 물질의 잠재에너지는 부분 깁스에너지와 같으므로 $\mu_i^{id} = \overline{G_i}^{id}$가 된다. 따라서 식 (48)은 이상용액 중에 있는 특정 성분의 물질의 잠재에너지가 그 성분의 조성에 따라 어떻게 변화하는가를 나타낸다. 여기서 x_i의 값은 0에서 1까지 변화할 수 있다. 먼저 $x_i = 1$, 즉 용액이 순수한 상태에 있을 때는 식 (48)에서 $\mu_i^{id} = \mu_i^*$가 된다. 그리고 순수한 성분의 잠재에너지 μ_i^*는 위에서 설명한 바와 같이 그 성분 1몰당의 깁스에너지와 같다. 만일 x_i가 1보다 작은 값을 가진다면 항상 $\mu_i^{id} < \mu_i^*$의 관계가 성립한다. 즉 어떤 성분이 순수한 상태로 있을 때보다 다른 성분과 혼합된 상태에 있을 때, 그 성분의 잠재에너지는 항상 감소한다는 것이다. 그리고 x_i가 작아질수록 μ_i^{id}의 값도 감소하며 x_i가 0에 가까워지면 μ_i^{id}는 급격히 감소하게 된다. 결론적으로 물질의 잠재에너지, 즉 깁스에너지는 순수한 상태로 있을 때보다 다른 성분과 혼합됨으로써 감소하게 된다는 것이다. 그러므로 순수한 물질이 다른 성분과 혼합되는 현상은 그 물질의 깁스에너지가 줄어드는 과정으로 이해되어야 한다.

이상용액의 개념은 상평형 현상을 설명하는 데 사용되는 활동도의 개념을 정립시키는 근거를 제공한다. 여기서는 이상용액의 개념을 통해 활동도의 의미를 다시 한번 숙지하도록 하자. 두 개의 서로 다른 상이 인접해 있고 제3의 성분이 두 상 사이를 이동할 수 있는 경우를 생각해 보자. 예를 들어 서로 섞이지 않는 물과 벤젠상이 인접해 있고 두 성분 모두에 용해될 수 있는 에탄올이 두 상 사이에서 이동하는 경우를 들 수 있다. 여기서 우선 에탄올이 녹아 있는 물상과 벤젠상이 모두 이상용액을 이룬다고 가정하고, 두 상이 평형상태에 있는 경우를 생각해 보자. 두 상이 평형에 존재한다는 것은 두 상 사이에 에탄올의 이동이 없음을 의미한다. 그리고 제23장에서 설명한 바와 같이, 두 상이 평형에 존재할 때 물상(w)

과 벤젠상(b)에 존재하는 에탄올(i)의 잠재에너지 μ_i^{id}은 동일하게 된다. 즉 다음이 성립한다.

$$\mu_i^{id}\big|_w = \mu_i^{id}\big|_b \tag{49}$$

결과적으로 식 (48)과 (49)에 의해서, 두 상에 존재하는 에탄올의 잠재에너지가 같다는 사실은, 두 상에서 에탄올의 농도가 같음을 의미한다. 이 두 식을 합쳐서 쓰면 다음과 같다.

$$\mu_i^{id}\big|_w = \mu_i^* + RT\ln x_i\big|_w = \mu_i^* + RT\ln x_i\big|_b = \mu_i^{id}\big|_b \tag{50}$$

여기서 순수한 상태로 존재하는 에탄올의 잠재에너지 μ_i^*는 상에 관계없이 같은 값을 가지기 때문에 식 (50)의 등호가 성립하기 위해서는 두 상의 에탄올 농도가 같아야 된다는 것이다. 즉 $x_i\big|_w = x_i\big|_b$가 된다.

위의 내용을 정리하면 다음과 같다. 이상용액을 이루는 두 개의 상이 인접해 있고 제3의 성분이 두 상 사이를 이동할 수 있을 때, 두 상이 평형에 존재한다는 것은 두 상에서 그 성분의 잠재에너지가 같다는 것이고, 결국 두 상에서 그 성분의 농도가 동일하다는 것이다. 이 사실은 상식적인 차원에서 생각하면 지극히 당연하게 들린다. 즉 어떤 물질이 이동한다는 것은 농도의 구배가 있다는 것을 의미하며, 두 상에서 그 물질의 농도가 같으면 당연히 이동하지 않을 것이다. 그러나 여기서 강조하고자 하는 것은 두 상이 이상용액을 이룰 때만 위의 사실이 성립한다는 것이다.

우리가 실제로 접할 수 있는 모든 혼합물은 이상용액이 아니며, 따라서 위의 사실이 성립하지 않는다. 위에서 예로 든 물상과 벤젠상이 인접한 경우를 생각해 보자. 제3의 성분인 에탄올이 두 상에 동시에 용해되어 있고 두 상이 평형에 존재한다면, 실제로는 두 상에서 에탄올의 농도는 같지 않다. 즉 물상과 벤젠상에서 각 상의 단위부피에 포함되어 있는 에탄올의 몰수가 틀리다는 것이다. 그러면 여기서 두 상에서 에탄올의 농도가 같지 않아 농도구배가 발생하는데 왜 에탄올이 이동하지 않는가. 그것은 두 상에서 에탄올의 농도는 달라도 에탄올이 각 상을 벗어나서 다른 상으로 이동하려는 경향이 동일하기 때문이다. 즉 에탄올이 물상에서 떠나 벤젠상으로 이동하려고 하는 경향과 벤젠상을 떠나 물상으로 이동하려고 하는 경향이 같아지기 때문이다.

　에탄올이라는 한 성분이 두 상에서 가지는 농도는 달라도 그 상을 떠나려고 하는 경향이 같아질 수 있는 것은, 두 상에서 에탄올 분자가 활동하는 정도가 같아지기 때문이다. 주어진 용액 내에서 에탄올 분자가 얼마나 잘 움직일 수 있는가 하는 정도는 에탄올 분자를 둘러싸고 있는 다른 분자와의 상호작용에 직접적으로 영향을 받는다. 물분자와 벤젠 분자가 가지는 에탄올 분자와의 상호작용은 물론 다르다. 그러므로 에탄올 분자가 물에 녹아 있을 때와 벤젠에 녹아 있을 때 에탄올 분자가 가지는 에너지는 서로 다르며, 따라서 각 상에서 에탄올의 농도가 달라도 에탄올이 그 상을 떠나려고 하는 경향은 같아질 수 있는 것이다. 두 상이 인접해 있는 경우, 에탄올 분자가 두 상 사이에서 자유롭게 이동하여 결국 두 상에서 활동하는 정도가 같아지는 지점에 도달하게 된다. 이때가 두 상이 평형상태에 도달하는 시점이고, 이때 두 상에서 에탄올의 활동도가 같다고 말한다. 그리고 이때 각 상에서 도달하는 에탄올의 농도를 평형농도라고 부른다. 결론적으로 이상용액의 경우는 두 상에서의 농도가 같을 때 두 상이 평형에 도달하는 반면, 실제용액에서는 두 상에서의 활동도가 같으면 평형에 도달하게 된다.

　이상을 정리하면 다음과 같다. 인접한 두 개의 상이 평형상태에 있다면, 그 두 상이 이상용액이건 실제용액이건 관계없이 한 성분의 잠재에너지는 두 상에서 같다. 그리고 그 상들이 이상용액일 경우는 두 상에서 농도가 같으며, 실제용액일 때는 두 상에서의 활동도가 같다. 그러므로 실제용액에서 활동도의 역할은 이상용액에서 농도의 역할과 같다. 이 사실에 근거하여 혼합물이 이상용액일 때와 이상용액이 아닐 때 물질의 잠재에너지에 대한 식은, 이상용액일 때는 식 (48)과 같이 되고, 실제용액의 경우 식 (48)의 농도항 x_i를 활동도 a_i로 대체시켜 다음과 같이 쓸 수 있다.

$$\mu_i = \mu_i^* + RT\ln a_i \tag{51}$$

예를 들어 에탄올을 포함한 실제용액인 물상과 벤젠상이 평형상태에 있는 경우, 식 (50)과 유사하게 다음과 같이 쓸 수 있다.

$$\mu_i|_w = \mu_i^* + RT\ln a_i|_w = \mu_i^* + RT\ln a_i|_b = \mu_i|_b \tag{52}$$

이 등호가 성립한다는 것은 두 상에서 에탄올의 활동도가 같다는 말이 된다. 즉 $a_i|_w = a_i|_b$가 된다.

이와 같이 혼합물에 대한 이상용액의 개념은 혼합물을 구성하는 성분의 활동도와 물질의 잠재에너지 그리고 상평형의 기본개념을 정립하는 근거를 마련해준다.

Chapter

28

상평형

열역학은 화학공학뿐만 아니라 기계, 재료 등 여러 학문 분야에서 공통적으로 배우는 과목이다. 그러나 대학의 여러 학과에서 배우는 열역학 과목이라 하더라도 그 학과의 특성에 따라 중점적으로 다루는 부분은 각각 다르다. 예를 들어 기계공학의 열역학에서는 물질을 연소하여 얻는 에너지와 그에 따른 동력기관의 원리에 대한 내용이 핵심적인 부분이고, 재료공학에서는 고체 재료의 상태나 고체와 용융된 액체상태 간의 상전이 등을 자세히 다룬다. 한편 화학공학의 열역학에서는 기체나 액체로 존재하는 물질들의 상평형, 즉 액체와 액체 혹은 기체와 액체 간의 상평형에 대한 내용을 가장 핵심적으로 다루고 있다. 특히 기체와 액체 간의 상평형에 대한 내용은 여타 학과에서는 다루지 않고 화학공학과에서만 가르치는 화학공학 고유의 분야라 해도 과언이 아니다.

상평형phase equilibrium이란 무엇인가. 그것은 서로 다른 상이 인접해 있고, 그 상들 사이에 물질의 이동이 없는 상태를 말한다. 상의 종류에는 기체, 액체, 고체가 있으며, 이 상들이 평형상태에서 공존하는 경우는 우리 주변에서 많이 볼 수 있다. 예를 들어 두 개의 상이 공존하는 기체와 액체(기-액)의 평형, 액체와 액체(액-액)의 평형, 고체와 액체(고-액)의 평형 등이 있다. 우리가 쉽게 접할 수 있는 경우를 들면, 먼저 기-액 평형은 1 bar, 100℃하에 있는 물이 액체와 증기의 상태로 공존하는 경우이다. 액-액 평형은 물컵에 물과 식용유가 함께 담겨 있는 경우를 들 수 있다. 물과 식용유는 서로 섞이지 않는 물질이며, 따라서 컵이 정지되어 있을 때 물상은 하부에, 식용유상은 상부에 위치하게 되고, 그 사이에 두 액체상의 경계면이 존재하게 된다. 사실 물과 식용유는 전혀 혼합되지 않는 물질은 아니다. 상온에서 두 상이 공존할 때는 아주 소량의 식용유가 물상에 녹아 있고 또한 소량의 물이 식용유상에 녹게 된다. 그리고 두 개의 상에서 각 물질이 포화되었을 때, 두 물질은 상의 경계면을 통해 더 이상 이동하지 않으며, 따라서 상평형에 도달하게 된다. 고-액 평형은 물에 과량의 소금을 투입했을 때 발생할 수 있다. 일정한 온도에서 물에 녹을 수 있는 양보다 많은 양의 소금이 물과 혼합되었을 때, 소금을 녹인 물상과 고체인 소금상이 공존하며 평형에 도달하게 된다.

두 개 이상의 상이 평형상태에 있는 경우도 존재하는데, 그것은 두 개의 액체상과 한 개의 기체상이 공존할 때이다. 예를 들어 위에서 언급한 물과 식용유(혹은 다른 유기성분)가 밀폐된 용기에 담겨 있고, 상부에 위치하는 유기상의 윗부분에 빈 공간이 있는 경우이다. 이때 용기의 온도를 높이면 유기성분과 물의 일부가 기화하여 공간을 채우게 되며, 여기서 온도가 일정하게 유지되면 한 개의 기상이 두 개의 액상과 평형상태에 존재하게 된다. 이 경우 두 개의 상 경계면이 생기게 되는데, 맨 위의 기상과 그 아래의 액상 사이에 생기는 기-액 경계면과 두 개의 액상을 구분하는 액-액 경계면이 그것이다. 세 개의 상이 평형에 도달했다는 것은 이 경계면들을 통한 물질의 이동이 없다는 것을 뜻한다. 즉 각 상의 조성이 시간에 따라 변화하지 않는다는 것이다. 그러면 여기서 평형에 도달해 있는 각 상의 조성은 어떤 상태에 있게 되는가를 생각해 보자.

열역학에서 상평형 현상을 연구하는 최종적인 목적은 평형상태에 있는 각 상의 조성을 구하고, 또한 그 조성이 온도와 압력의 변화에 따라 어떻게 변화하는가를 규명하는 것이다. 화공열역학에서는 여러 가지 형태의 상평형 중 기-액 상평형을 주로 다룬다. 그 목적은 주어진 혼합물이 기체와 액체상으로 이루어져 두 상이 평형에 있을 때, 두 상의 조성을 구하는 것이다. 우선 주어진 물질이 순수한 성분일 때, 예를 들어 순수한 물의 기상과 액상이 평형에 존재할 때 각 상의 조성은 어떻게 되겠는가. 이때는 당연히 기상과 액상은 순수한 물로만 구성되어 있을 것이다. 예를 들어 초기에 1 bar, 25℃하에 있던 순수한 액체 물이 열을 받아 같은 압력하의 100℃에 도달하면, 그 일부가 기화하여 1 bar, 100℃하에서 기상과 액상이 공존하는 평형상태에 도달한다. 여기서 기상은 오직 순수한 물로만 구성되어 있고, 또한 액상에도 순수한 물만이 존재하여 각 상의 조성은 100%가 된다. 이와 같이 주어진 물질이 순수할 때는 각 상의 조성은 따로 계산할 필요 없이 알 수 있으나, 여러 가지 다른 성분으로 구성된 혼합물이 상평형을 이루고 있을 때는 각 상의 조성을 구하는 일이 그렇게 간단하지 않다.

두 가지 성분이 섞여 있는 액체 혼합물의 예로 물과 에탄올의 혼합물을 생각해 보자. 먼저 물과 에탄올이 각각 0.5몰씩 들어 있는 1몰의 이성분 혼합물이 액체상태에 존재한다고 하자. 이때 액체상에서 물과 에탄올의 조성은 몰분율로 모두 0.5가 될 것이다. 여기서 액체 혼합물의 온도를 올려 일부가 기화하게 한 다음, 그 온도와 압력을 일정하게 유지하면 이 혼합물은 그림 19와 같이 기-액 평형상태로 존재하게 된다.

여기서 할 수 있는 질문이 바로 평형상태에서 기상과 액상의 조성이 각각 어떻게 되겠느냐 하는 것이다. 이 질문에 대하여, 초기 액상에 물과 에탄올이 0.5몰씩 들어 있었기 때문에 기-액 평형일 때도 기상과 액상에서 각각 물과 에탄올 분율이 모두 0.5가 되지 않겠느냐고 말한다면 그것은 틀린 대답이다. 왜냐하면 초기에 물과 에탄올이 반반씩 혼합되어 있다 하더라도, 그 중 기화하는 분율은 물과 에탄올이 서로 다르기 때문이다. 다시 말해 물과 에탄올의 휘발도가 다르다는 것이다. 에탄올은 물에 비해

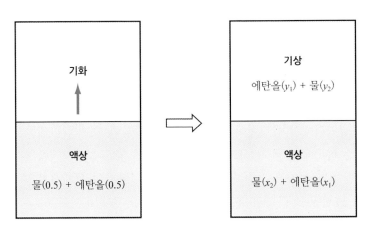

그림 19 물과 에탄올 혼합물의 기-액 평형

기화하려고 하는 경향이 크기 때문에, 액상 중 일부분의 양이 기화하면 그 기화한 양 중에는 물보다 에탄올이 더 많이 포함되어 있게 된다. 그러므로 기상에서 두 성분의 조성은 에탄올이 물보다 더 크게 된다. 또한 물은 에탄올에 비해 휘발도가 작아 액상으로 남으려고 하는 경향이 크기 때문에, 액상에서의 두 성분의 조성은 물이 에탄올보다 더 크게 된다. 이와 같이 혼합물이 상평형을 이루고 있을 때 각 상의 조성을 구하기 위해서는 우선 구성 성분의 휘발도를 알아야 한다. 그러나 성분의 휘발도는 그 성분이 순수한 상태로 존재할 때와 혼합물의 상태로 존재할 때에 그 값이 다르며, 또한 혼합되어 있는 성분의 종류와 그 농도에 따라서도 변화하게 된다. 그러므로 혼합물 중 한 성분의 휘발도를 구하기 위해서는 그 성분의 물성은 물론이고 다른 성분과의 상호작용에 대한 정보도 가지고 있어야 한다. 이처럼 평형상태에 있는 혼합물상의 조성을 구하는 일은 결코 단순하지만은 않다.

그림 19에서 에탄올과 물을 각각 1, 2성분이라 하고, 액상의 조성을 x, 기상의 조성을 y라 하면, 항상 $y_1 > x_1$ 그리고 $y_2 < x_2$의 관계가 성립한다. 다시 말해 두 성분 중 휘발도가 큰 성분은 기상으로, 휘발도가 작은 성분은 액상으로 모이는 현상이 나타나게 된다. 따라서 기상에서는 휘발도가 큰 성분이 더 농축되고, 액상에서는 휘발도가 작은 성분이 농축된다. 이와 같이 휘발도가 상이한 두 성분이 섞여 있는 혼합물을 기상과 액상으로 나누면, 각 성분의 휘발도에 따라 특정 성분을 더 순수한 상태로 분리하는 효과를 얻을 수 있다. 이것이 바로 증류의 원리이다.

화공열역학에서 상평형이 중요한 이유는 다양한 혼합물에 대한 상평형 자료, 즉 평형에 있는 각 상의 조성값이 증류와 같은 분리공정을 설계하는 데 기초 자료로 사용되기 때문이다. 한편 증류공정을 설계하기 위해서는 주어진 혼합물의 상평형 자료가 필수적이지만, 분리하고자 하는 성분의 상평형 자료를 숫자로 되어 있는 실험 데이터의 형태로 사용하기에는 불편한 점이 많다. 그러므로 열역학의 주된 과제는 상평형 자료를 이론적 계산에 의해 구하는 것이다. 즉 임의의 혼합물이 그림 19와 같은 상평형을 이룰 때, 기상과 액상에서 그 구성 성분의 조성값을 이론적 식에 의해 계산할 수 있어야 한다. 이 계산과정에서 필요한 사항들이 바로 상태방정식, 깁스에너지, 물질의 잠재에너지, 퓨가시티, 활동도 등의 개념이다. 그러므로 열역학에서 등장하는 주된 개념들은 궁극적으로 상평형의 계산을 위해 존재한다고 해도 과언이 아니다.

상평형 계산은 화공열역학의 꽃이다. 물질이 보유한 에너지에 대한 정의로부터 출발한 열역학의 제반 이론과 개념들이 종합적으로 사용되는 곳이 바로 상평형 계산이다. 또한 상평형 계산은 컴퓨터를 사용하지 않고는 수행할 수 없으며, 따라서 여러 수치해석적인 방법을 동원해야만 그 해를 구할 수 있다. 그러므로 화공열역학을 성공적으로 학습하기 위해서는 열역학의 제반 개념들에 대한 충분한 이해와 상평형 현상의 파악이 선행되어야 하며, 나아가 수학적, 전산학적 도구를 충분히 활용할 수 있어야 한다.

Chapter **29**

기포점과 이슬점

기포점과 이슬점은 열역학적 개념이라기보다 일어나는 현상을 묘사한 표현이다. 기포점과 이슬점은 액체와 기체상 사이에 상변화가 일어날 때 발생하며, 글자 그대로 각각 기포bubble와 이슬dew이 생성되는 지점을 말한다. 기포는 액체상이 기체상으로 변화할 때 생성되며, 이슬은 기체상이 액체상으로 응축할 때 발생한다. 일반적으로 우리는 기포와 이슬을 발생시키는 원인으로 한 가지의 열역학적 변수, 즉 온도만을 생각하게 된다. 다시 말해 액상의 온도가 올라가면 기포가, 기상의 온도가 내려가면 이슬이 생기는 것만을 생각하기 쉽다. 그러나 기포와 이슬의 생성은 온도, 압력, 조성 모두에 영향을 받으며, 따라서 기포점과 이슬점의 위치를 찾을 때, 이 세 가지 열역학적 변수를 동시에 고려해야 한다.

우선 순수한 성분의 기포점과 이슬점을 생각해 보자. 순수한 성분은 조성이 항상 100%이기 때문에 온도와 압력만이 기포와 이슬의 생성에 영향을 미친다. 먼저 액체의 압력이 일정하게 유지될 때, 온도가 증가하면 기포가 발생한다. 쉬운 예로 온도가 25℃이고 압력이 1 bar인 액체 물을 생각해 보자. 이 물의 압력이 1 bar로 일정하게 유지된 상태에서 물의 온도가 증가하여 100℃에 도달하면 기포가 발생한다. 이 말은 물이 100℃에서 비등을 시작한다는 표현과 동일하다. 즉 일정 압력 1 bar하에 있는 순수한 물의 기포점 온도는 100℃가 되는 것이다. 한편 물의 온도를 일정하게 유지하면서 압력을 변화시키면 어떻게 될까. 온도 25℃, 압력 1 bar하에 있는 물의 온도를 25℃로 일정하게 유지하면서 압력을 감소시키면 또한 기포가 발생한다. 이때는 물의 압력이 0.03 bar에 도달하면 기포가 발생한다. 왜냐하면 온도 25℃에서 순수한 물의 증기압이 0.03 bar이기 때문이다. 즉 일정 온도 25℃하에서 순수한 물의 기포점 압력은 0.03 bar가 되는 것이다. 이것을 다른 말로 하면 25℃하에 있는 순수한 물은 0.03 bar에서 비등한다라는 말로 표현된다. 이와 같이 순수한 성분은 일정한 압력하에서 온도가 증가하여도 기포점에 도달하지만, 일정한 온도하에서 압력이 감소하여도 기포점에 도달한다.

이슬점은 기포가 생성되는 과정과 반대로 생각하면 된다. 예를 들어 압력이 1 bar이고 온도가 120℃인 증기가 일정 압력하에서 100℃에 도달하면 이슬이 발생한다. 즉 1 bar하에 있는 순수한 물의 이슬점 온도는 100℃가 된다. 또한 온도가 25℃이고 압력이 0.01 bar하에 있는 기체상태의 물에 압력이 가해져 0.03 bar에 도달하며 이슬이 발생한다. 즉 25℃하에 있는 순수한 물의 이슬점 압력은 0.03 bar가 된다.

이와 같이 순수 상태에 있는 물질의 기포점과 이슬점은 동일한 지점이된다. 다시 말해 일정 압력 1 bar하에서 물은 100℃에서 기포가 발생하며또한 100℃에서 이슬이 발생한다. 즉 1 bar하에 있는 물의 기포점과 이슬점은 모두 100℃인 것이다. 그리고 일정 온도 25℃하에서 물은 0.03 bar에서 기포가 발생하며, 또한 0.03 bar에서 이슬이 발생한다. 즉 25℃하에 있는 물의 기포점과 이슬점은 모두 0.03 bar인 것이다. 이 말들은 달리표현하면 순수한 물질의 상변화가 일어날 때는 온도나 압력이 변화하지않는다는 말과 같다. 그러나 혼합물의 경우는 기포점과 이슬점이 같지 않고 상변화가 일어날 때 온도나 압력이 변화한다.

이성분 이상이 섞여 있는 혼합물의 경우 기포점과 이슬점은 그 혼합물조성의 영향을 받는다. 다시 말해 일정 압력하에서 기포나 이슬이 발생하는 온도와 일정 온도하에서 기포나 이슬이 발생하는 압력이 혼합물의 조성에 따라 변화하게 된다는 것이다. 예를 들어 액체상태에 있는 물과 에탄올의 혼합물을 생각해 보자. 이 혼합물의 기포점과 이슬점은 두 성분의혼합비율, 즉 조성에 따라 달라진다. 그 이유는 두 성분의 휘발도가 서로다르기 때문이다. 에탄올은 물에 비해 휘발도가 큰 성분이며, 따라서 혼합물에 에탄올의 농도가 높을수록 이 전체 혼합물의 휘발도는 증가하게 된다. 그러므로 혼합물 중 에탄올의 농도가 커질수록 일정 압력하에서 기포가 발생하는 온도, 즉 기포점 온도는 낮아지게 된다. 다시 말해 혼합물 중에 휘발도가 큰 성분의 비율이 증가할수록 더 낮은 온도에서 기포가 발생한다는 것이다.

이슬점의 경우, 높은 온도에서 기체상으로 존재하는 물과 에탄올의 혼합 증기를 생각해 보자. 일정한 압력하에서 이 혼합 증기의 온도를 내리면 이슬이 발생하는 이슬점 온도에 도달하게 되는데, 이 이슬점 온도 또한 혼합 증기의 조성에 따라 달라진다. 위에서 물과 에탄올의 혼합물 중 에탄올의 농도가 높을수록 혼합물의 휘발도가 증가한다고 했는데, 이것을 바꾸어 말하면 에탄올의 농도가 높을수록 응축하기가 힘들어진다는 말이 된다. 그러므로 혼합 증기 중 에탄올의 조성이 커지면 온도를 더 낮게 내려야 이슬이 발생하게 된다. 즉 에탄올의 조성이 증가하면 이슬점 온도는 감소한다는 것이다. 이와 같이 혼합물의 구성 성분 중 휘발성이 강한 성분의 조성이 증가하면 일정한 압력하의 기포점과 이슬점 온도는 모두 낮아지게 된다.

한편 위에서 순수한 성분의 경우 일정 압력하에서 기포점과 이슬점 온도는 동일하다고 하였다. 즉 1 bar하에 있는 순수한 물은 100℃에서 비등하고 또한 100℃에서 응축한다고 하였다. 그러나 혼합물인 경우는 이와 다르다. 예를 들어 일정한 압력하에 있는 액체 혼합물의 온도를 높이는 경우 최초로 기포가 발생하는 온도, 즉 기포점 온도를 T_1이라 하자. 그리고 이 혼합물의 온도를 계속 높여 모두 기화시킨 다음, 같은 압력하에서 다시 온도를 낮추면 이 혼합 증기가 응축하는데, 이때 최초의 이슬이 발생하는 온도, 즉 이슬점 온도를 T_2라 하자. 순수한 성분의 경우는 이 두 온도가 같지만, 혼합물일 때는 T_2가 T_1보다 큰 값을 가진다. 단 예외적으로 공비점이 발생하는 경우는 두 온도가 동일하다.

혼합물의 기포점과 이슬점이 틀리다는 사실을 다른 말로 표현하면, 혼합물이 액체에서 기체로 혹은 기체에서 액체로 상변화를 하는 과정에서 온도나 압력이 일정하지 않고 변화한다는 말과 같다. 순수한 성분일 경우와 비교하면 1 bar의 순수한 물이 액체에서 모두 기체상태로 변화할 때까지 온도는 100℃로 유지된다. 그러나 물과 에탄올의 혼합물일 경우 액체 상태에서 최초의 기포가 발생하여 액체 전부가 기화할 때까지 온도는 계속 증가하게 된다. 이때 최초의 기포가 발생하는 온도가 기포점이며 액체 전부가 기화되는 시점의 온도가 바로 이슬점인 것이다. 반대로 혼합물이 모두 기체상태로 존재할 때 온도를 내리면 응축되는데, 이때 최초의 이슬이 발생하는 온도가 이슬점이고 기체 모두가 응축되는 순간의 온도가 기포점이 된다.

이상과 같이 순수성분 혹은 혼합물의 기포점과 이슬점은 온도, 압력, 조성의 함수로서 물질의 상변화가 시작되거나 종료되는 지점이다. 그러므로 혼합물의 기포점과 이슬점을 실험적으로 측정하거나 이론적으로 예측하는 일은 열역학에서 매우 중요한 과제 중의 하나이다.

Chapter 30

안정, 불안정, 준안정

Stable, Unstable, Metastable

열역학에서는 기체나 액체상으로 존재하는 물질의 에너지와 물성을 주로 측정하고 계산한다. 이와 더불어 열역학에서는 물질의 상이 변화하는 현상과 그 상의 안정성에 대해서도 다루고 있다. 어떤 물질이 기체이든 액체이든 하나의 독립된 단일상으로 존재하고, 그 상이 일정한 온도와 압력하에서 다른 상으로 변화하지 않을 때, 그 상을 안정된stable 상태에 있다고 한다. 예를 들면 식탁 위의 물컵에 담겨 있는 물이나 시약병에 보관되어 있는 에탄올은 모두 안정된 액체상이다. 이 액체들은 시간이 경과하거나 혹은 진동이나 충격과 같은 외부에서 작용하는 물리적인 변화가 가해져도 계속 액체상 그대로 존재하기 때문에, 그 상은 안정된 상태에 있다고 말한다. 그리고 방 안의 공기나 고무풍선 속에 존재하는 수소는 안정된 기체상이다. 이와 같이 우리 주위에서 안정된 상의 예를 드는 것은 너무나 쉬운 일이다. 다시 말해 우리의 생활 주변에서 시각적으로 관찰할 수 있는 기체나 액체 물질은 모두 안정된 상태에 존재한다. 안정된 상은 말 그대로 안정하기 때문에 자연상태에서는 변화하지 않고 지속적으로 존재한다.

　그러면 상이 안정하지 않고 불안정unstable하다는 것은 무엇을 말하는가. 상이 불안정하다는 것은 기체나 액체상이 안정된 상태에 존재하지 못하다는 것을 의미하며, 따라서 불안정한 상은 즉시 다른 형태의 상으로 변화하게 된다. 액체상이 불안정해지면 액체상이 더 이상 액체상으로 존재하지 못하고 기체나 고체상으로 변화하게 된다. 예를 들어 상온·상압하에 존재하는 액체 물은 안정된 상태이며, 여기에 열이 가해져 비등점인 100℃에 도달하면 이 물은 불안정해진다. 이때 액체상태에서 서로 근접해 있던 물분자들이 더 이상 가까이 있기를 거부하여 서로 멀리 달아나려고 하게 된다. 다시 말해 개별적인 물분자들의 에너지 레벨이 너무 높아져 서로 가까이 존재하지 못하게 되는 불안한 상태로 되는 것이다. 따라서 물분자들은 자연스럽게 서로 멀리 떨어지게 되는데, 우리는 이것을 기화현상이라 부른다. 이와 같이 온도가 높아져서 불안정해진 액체 물은 상변화를 거쳐 기체상의 물로 되는데, 이때 생성된 기체상의 물은 안정된 기체상태로 존재하게 된다. 다른 예로 액체 물의 온도를 낮추는 경우도 마찬가지이다. 온도가 0℃ 이하로 되면 액체 물은 불안정해져서 고체상태로 결빙하게 되며, 이때 생성되는 얼음은 안정된 고체상태로 존재하게 된다. 이와 같이 하나의 안정된 단일상이 다른 종류의 안정된 단일상으로 변화하는 과정에서 상이 '불안정'해지는 절차를 반드시 거치게 되는 것이다.

이와 같이 상이 불안정해진다는 것은 상이 그 상태로 존재하기 힘들다는 것을 의미한다. 따라서 상이 불안정해지면 다른 종류의 상으로 변화하게 되며, 또한 이 상변화는 즉각적으로 일어나게 된다. 이러한 상변화의 종류는 우리가 잘 알고 있는 기화, 응축, 결정화, 용융 등이다. 물질에 이들과 같은 상변화가 일어날 때 물질은 불안정한 상태를 경험하게 된다. 그러나 우리의 생활 주변은 물론이고 실험을 통해서도 불안정한 상을 시각적으로 관찰할 수는 없다. 왜냐하면 불안정한 상은 유지되지 않고 즉시 다른 형태의 안정된 상으로 변화되기 때문이다. 사실 불안정한 상은 그 자체가 유지될 수 없는 상이기 때문에, 열역학에서는 불안정한 상이라는 말은 잘 사용하지 않는다.

안정된 상이 불안정해져 상변화가 일어나는 경우에 대한 다른 예를 들어 보자. 위에서 언급한 물의 기화나 결빙은 순수한 성분의 온도변화에 따라 상변화가 이루어지는 경우이다. 반면 그림 20과 같이 조성의 변화에 따라 상변화가 일어나는 경우를 생각해 보자. 일반 화학관련 산업에서 널리 사용되는 물질 중에 페놀이라는 성분이 있다. 순수한 페놀은 상온에서는 고체상태로 존재하지만, 용융점이 43℃밖에 되지 않아 온도를 조금만 올려도 녹아서 액체로 된다. 페놀의 특징은 비교적 물에 잘 용해된다는 것인데, 페놀의 물에 대한 용해도는 상온에서 물 100 g에 페놀 약 6 g이 녹는 정도이다. 여기서 순수한 물에 페놀을 녹이는 과정을 생각해 보자. 그림 20과 같이 순수한 물(100 g)이 들어 있는 비커에 1 g 정도의 소량의 페놀을 투입한다고 하자. 이때 투입된 페놀은 모두 물에 녹게 된다. 즉 100 g의 물이 1 g의 페놀을 모두 용해시켜, 물과 페놀이 혼합된 용액은 단

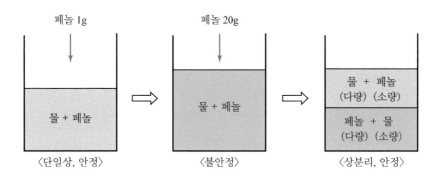

페놀 1g

페놀 20g

물 + 페놀

물 + 페놀

물 + 페놀
(다량) (소량)

페놀 + 물
(다량) (소량)

〈단일상, 안정〉　　　　　　　〈불안정〉　　　　　　〈상분리, 안정〉

그림 20 조성의 변화에 따른 상의 분리

일상의 맑은 액체상태로 존재하게 된다. 이 상은 안정된 상이다. 이 수용
액에 페놀을 계속 가해 그 양이 6 g에 도달하면 이 수용액은 페놀로 포화
된다. 이 상태가 물 100 g이 페놀을 용해시켜 안정된 상태로 존재할 수 있
는 마지막 점이 된다.

　만일 페놀로 포화된 수용액에 일정양의 페놀을 더 가하게 되면, 예를
들어 페놀 20 g을 가하면 물은 더 이상 페놀을 수용할 수 없게 되며, 이때
이 수용액상은 불안정하게 된다. 상이 불안정해지면 그 상태로는 단일상
으로 존재할 수 없으며, 따라서 바로 일어나는 현상이 상분리이다. 즉 불
안정해진 수용액상은 두 개의 상으로 분리되어 두 개의 액체상이 공존하
는 상태로 되며, 이때 두 개의 액체상은 각각 안정된 상태로 존재한다. 쉽
게 말해 상이 불안정해져서 따로 떨어지게 되며, 그 결과 안정하게 되는
것이다. 여기서 상이 분리될 때 비중이 큰 페놀은 아래로, 비중이 작은 물
은 윗부분에 위치하게 되어 두 개의 다른 상이 형성된다. 이때 두 상은
각각 소량의 다른 성분을 포함한 상태에서 평형상태에 존재하게 된다. 그
림 20에서 두 상이 존재할 때, 위의 상은 다량의 물에 소량의 페놀이 녹아
있는 상태이며, 아래의 상은 다량의 페놀에 소량의 물이 포함되어 있는
상태가 된다.

　이와 같이 상이 안정 혹은 불안정하다는 것은 액체상이 단일상 혹은 두

개 이상의 상으로 존재하느냐 하는 기준을 제공해준다. 단일상으로 존재하는 액체 혼합물의 온도, 압력, 조성 등이 변화하여 상이 불안정해지면, 그 상은 두 개의 상으로 나누어지게 되며, 그때 생성되는 두 개의 상은 각각 안정된 상태로 존재한다는 것이다. 여기서 액체의 온도가 변화하여 상분리가 일어나는 쉬운 예를 들어 보자. 집에서 요리할 때 사용하는 식용유는 상온에서는 물과 섞이지 않는 성분이다. 이 식용유를 요리하기 위하여 약 90℃로 끓여 놓은 물에 소량 가하면, 두 액체 성분은 완전히 혼합되어 맑은 상태로 된다. 즉 물과 식용유의 혼합물이 안정된 단일 액체상이 되는 것이다. 그런데 이 물을 식탁 위로 옮겨 놓고 그대로 방치하면 물이 식게 되고, 어느 일정한 온도까지 내려가게 되면 이 혼합물은 불안정하게 된다. 따라서 낮은 온도에서 상분리가 일어나게 되며 결국은 물 위에 식용유가 떠 있는, 즉 두 액체상이 공존하는 상태가 되는 것이다. 이 현상은 우리가 식사 때 먹는 고깃국이 식으면 국 위에 기름이 뜨는 것과 동일한 현상이다.

그러면 이제 준안정metastable 상태에 대하여 알아보자. 준안정이란 단어는 우리가 흔히 사용하는 익숙한 말은 아니며, 또한 준안정상태도 쉽게 접할 수 있는 일반적인 현상은 아니다. 물질이 준안정상태에 있다는 것은 그 물질이 안정된 상태로 존재하지는 않지만, 그렇다고 상이 불안정하여 즉시 상변화가 일어나는 것도 아닌 상태를 말한다. 준안정상태에 대한 실제 예는 여러 가지를 들 수 있지만, 그 중 가장 쉬운 예가 물의 결빙이다.

우리가 알고 있는 상식으로 물은 0℃ 이하가 되면 결빙하여 고체상태가 된다. 그러나 실험실에서 어떤 특별한 조건을 유지하면서 물의 온도를 내리면, 물은 0℃ 이하가 되어도 얼지 않고 계속 액체상태로 남아 있게 된다. 그 특별한 조건이란 물이 불순물을 전혀 포함하고 있지 않아 완전히 순수한 상태로 존재하고, 또한 물을 냉각하는 과정에서 발생할 수 있는 외부적 충격이나 진동이 완전히 배제된 상태를 말한다. 일반적으로 우리가 사용하는 물은 순수한 상태라고는 하지만 사실 극미세한 고체입자를 다량 포함하고 있다. 이 입자들은 상업적인 정수기 같은 장치로도 제거되지 않는 정도의 크기를 가진 것을 말한다. 즉 입자의 크기가 정수기 필터의 공극보다 작다면 입자들은 정수기를 그대로 통과할 것이다. 실험실에서는 이러한 미세입자를 완전히 제거하여 거의 100% 순수한 물을 만들수 있다.

한편 물이 언다는 것은 일종의 결정화 과정이며, 액체가 고체로 결정화되기 위해서는 결정의 핵을 생성하게 하는 결정점이 필요하다. 이것은 물의 결빙뿐만 아니라 모든 성분이 액체상태에서부터 결정화될 때 필요한 조건이다. 결정점은 전술한 바와 같이 액체 내에 존재하는 극미세한 고체입자가 제공해주며, 또한 액체가 담긴 용기 벽면의 요철점이 결정점의 역할을 한다. 따라서 만일 액체 내에 이러한 고체입자가 전혀 존재하지 않으며 용기 벽면에 요철이 최소화된 상태에서 액체를 냉각하고 또한 냉각과정에서 외부적인 충격을 완전히 배제한다면, 이 액체는 온도가 빙점 이하로 내려가도 결빙하지 않는다. 다시 말해 물의 온도가 0℃ 이하로 내려가도 얼지 않고 계속 액체상태로 남아 있게 된다는 것이다. 실제로 실험실에서는 물을 –5℃로 냉각시켜도 얼지 않는 상태로 만들 수 있다. 열역학에서는 이와 같이 0℃ 이하에서도 액체상태로 존재하는 물을 과냉액체sub-cooled liquid라 부른다. 그리고 이러한 상태에 있는 물을 준안정상태에 있다고 한다.

과냉액체로 존재하는 물을 준안정상태에 있다고 하는 이유는, 이 물이 일반적으로 상변화를 유발하는 온도 혹은 조성의 변화가 수반되지 않아도 상변화를 일으키기 때문이다. 만일 과냉액체상태에 있는 물이 담긴 용기를 손으로 친다든가 하는 외부적 충격을 주게 되면, 물은 즉각적으로 결빙하게 된다. 즉 준안정한 물은 기계적 충격에 의해 즉각적으로 불안정상태를 거쳐 안정된 고체상태로 변화하게 된다. 그러므로 준안정상태의 물질은 물리적, 기계적 외란(진동이나 충격)이 항상 발생하는 일반 자연상태에서는 유지되기가 힘들고, 특별히 고안된 실험실적 장치 내에서 관찰할 수 있다.

준안정상태는 물의 결빙뿐만 아니라 물의 기화, 증기의 응축, 그리고 액체 용액으로부터의 결정화 등 다양한 경우에 발생한다. 대기압하에서 물의 기화는 100℃에서 일어난다. 그러나 대기압하에서 외부 충격이 전혀 없는 상태에서 순수한 물에 열을 가할 경우, 물의 온도가 100℃ 이상으로 올라가도 물은 끓지 않고 액체상태로 남아 있게 된다. 이러한 상태에 있는 액체 물을 과열액체superheated liquid라 부르며, 이 또한 준안정상태에 있다고 한다. 이 준안정한 물에 외부적인 충격을 가하면 물은 폭발하듯이 기화하여 모두 기상으로 변화한다. 그리고 이때 생성된 기상은 안정된 상태에 존재하게 된다. 수증기가 응축하는 경우, 대기압하에서 100℃ 이상에 있는 수증기를 100℃ 이하로 냉각시키면 당연히 액체로 응축되어야 한다. 그러나 물분자가 응집할 수 있는 고체입자와 같은 응집점이 전혀 없을 경우 100℃ 이하에서도 기상의 상태로 남아 있게 된다. 이 증기를 과냉증기sub-cooled vapor라 하며, 이 또한 준안정상태에 있게 된다. 이 과냉증기는 외부 충격과 같은 물리적 변화에 의해 즉시 액화하게 된다. 그리고 이때 생성된 액체상은 안정된 상태에 존재한다.

용질을 녹인 용액에서 결정이 석출되는 과정에서도 준안정상태가 발생한다. 쉬운 예로 물에 소금이 녹아 있는 경우를 생각해 보자. 일반적으로 용액에 용질이 녹아 있는 경우, 용질의 포화 용해도에 해당하는 양보다 많은 용질이 용액 내에 존재하면 그 용액은 과포화supersaturation 상태에 있다고 부른다. 소금물의 경우 염전에서 소금을 만드는 원리와 같이, 소금물에서 과량의 물을 증발시키면 소금의 과포화가 일어나 물속에서 소금의 결정이 생성된다. 그러나 이 경우에도 만일 소금물속에 불순물이 전혀 존재하지 않고, 용기 벽에 결정의 핵이 생성될 수 있는 결정점이 없다면 소금물이 어느 정도 과포화되어도, 다시 말해 물이 과량 증발되어도 소금의 결정이 생성되지 않는다. 이와 같이 과포화되어 있으면서도 결정화가 일어나지 않는 소금물을 준안정상태에 있는 용액이라고 부른다. 이 준안정상태의 소금물에 약간의 교반을 가해주면 순식간에 고체 소금이 생성됨을 관찰할 수 있다. 즉 소금물은 외란에 의해서 준안정상태에 있는 단일상의 액체로부터 고체와 액체가 공존하는 안정된 두 개의 상으로 변화하게 된다.

여기서 한 가지 언급해야 할 사실이 있다. 지금까지 설명한 준안정상태가 발생하는 경우와 같이, 물에 불순물이 전혀 없고 또한 용기의 벽이 완벽히 깨끗하다면, 아무리 온도를 올리거나 내려도 상변화가 일어나지 않을 것인가 하는 질문을 할 수가 있다. 그것은 그렇지 않다. 예를 들어 물이 결빙할 경우, 물이 얼지 않고 준안정상태로 유지될 수 있는 한계온도는 분명히 존재한다. 물이 준안정상태로 존재할 수 있는 한계온도는 −20℃ 정도 되는데, 물을 그 이하의 온도로 냉각시킨다면 물은 무조건 결빙하게 된다. 물이 증발하거나 증기가 응축하는 경우도 마찬가지로 이런 한계온도가 존재한다. 이와 같이 액체나 기체가 안정 혹은 준안정상태로 존재할 수 있는 마지막 한계점이 존재하는데 이것을 안정성의 경계stability limit라고 부른다.

이와 같이 기체나 액체상태로 된 물질들은 그 물질의 온도, 압력, 조성에 따라 안정, 불안정 혹은 준안정상태로 존재하게 된다. 그러므로 물질의 상태에 따른 상의 안정성에 대한 관계를 규명하는 것은 물질의 상변화가 일어나는 경계를 구한다는 의미에서 매우 중요한 일이다.

개정판

열역학 개념의 해설

2016년 6월 20일 개정판 1쇄 펴냄 | 2020년 7월 31일 개정판 3쇄 펴냄
지은이 여상도
펴낸이 류원식 | **펴낸곳 교문사**

편집팀장 모은영 | **책임편집** 안영선 | **표지디자인** 유선영 | **본문편집** 이혜숙

주소 (10881) 경기도 파주시 문발로 116(문발동 536-2)
전화 1644-0965(대표) | **팩스** 070-8650-0965
등록 1968. 10. 28. 제406-2006-000035호
홈페이지 www.cheongmoon.com | E-mail genie@cheongmoon.com
ISBN 978-89-6364-278-9 (93560)
값 12,000원